还你一颗清宁的心

和工作压力说再见

韩宜中　李　丽/著

中华工商联合出版社

图书在版编目(CIP)数据

还你一颗清宁的心／韩宜中，李丽著. — 2版. —
北京：中华工商联合出版社，2016.10
ISBN 978-7-5158-1772-9

Ⅰ.①还… Ⅱ.①韩… ②李… Ⅲ.①压抑（心理学）
– 通俗读物 Ⅳ.①B842.6–49

中国版本图书馆CIP数据核字（2016）第 227059 号

还你一颗清宁的心

作　　者：韩宜中　李　丽
责任编辑：胡小英　李　健
装帧设计：周　源
责任审读：李　征
责任印制：迈致红
出版发行：中华工商联合出版社有限责任公司
印　　刷：三河宏盛印务有限公司
版　　次：2017年1月第2版
印　　次：2017年1月第1次印刷
开　　本：710mm×1020mm　1/16
字　　数：150千字
印　　张：15.25
书　　号：ISBN 978-7-5158-1772-9
定　　价：39.80元

服务热线：010-58301130
销售热线：010-58302813
地址邮编：北京市西城区西环广场A座
　　　　　19-20层，100044
http://www.chgslcbs.cn
E-mail: cicap1202@sina.com(营销中心)
E-mail: gslzbs@sina.com(总编室)

我们的状态："高压锅"里求生存

"过劳死""猝死"这类名词已经不是什么新鲜的词汇了，你只要上网搜一下，"24岁淘宝美女店主家中猝死""36岁IT男猝死"这样的新闻不绝于耳，可见年轻人已是这类疾病的高发人群！

活得很忙，活得很累，这是很多人的内心感受。谁都知道如果没有健康这个"1"，纵有再多事业、财富的"0"也是枉然。道理谁都懂，但是现实很骨感。工作竞争如此激烈，让人只能向前不能退后；房子、车子、孩子、老人，背负四座大山；虚荣攀比让人陷入压力的怪圈不能自拔……许多人士卷入陀螺式的生活状态中无法停下来，陷入给自己不断上发条的恶性循环，太多的人明知道自己的亚健康状态，却只能拿"很多人都这样"聊以自慰。"采菊东篱下，悠然见南山"，这样的慢生活只是不合时代的遥远传说。虽然也不时听闻国内、国际的"过劳死"案例，但是依然觉得离自己很遥远。殊不知，病魔与危险正在一步步逼近中……

生活在"高压锅"里的我们该怎么办？

生命只有一次，生命必须敬畏。无法做到张弛有度，那是因为我们缺少智慧！尤其缺少善待自己的智慧。那么，就让我们一起走上轻松快乐的道路，一步步卸下我们身上的压力，面对它，看清它，解决它，放下它！

目 录
Contents

第 *1* 章

你是"压力山大"吗

压力警告信号：你是否有压力反应 / 002

压力测试 / 004

工作压力测试 / 010

职业压力状态测试 / 011

什么是压力 / 013

职场压力 / 014

压力反应的三个阶段 / 015

压力带给我们的危害 / 016

第章

工作压力从何而来

重大的人生和工作变故 / 019

角色冲突 / 019

角色模糊 / 021

角色过重或过轻 / 021

工作缺乏安全感或失业 / 022

恶劣的工作环境 / 022

职场压力不能消灭，但可以享受 / 023

现场案例：工作角色定位模糊引发的职场压力 / 025

解压茶点：放松小诀窍 / 029

现场案例：角色冲突——职场和家庭两头累 / 030

解压茶点：改变非理性信念 / 034

现场案例：我把工作的情绪带回了家 / 037

解压茶点：在家中做减压瑜伽 / 040

第*3*章

轻松应对工作中的各种关系

心理测试：测测你的包容力 / 046

与上司建立良好的关系 / 049

与同事相处融洽 / 054

做一个下属拥戴的领导者 / 058

有效应对麻烦的客户 / 061

你是哪种人物，就有哪种压力 / 063

语言技巧在人际关系中的运用 / 064

现场案例：如何处理工作中的人际关系 / 066

解压茶点：瞬间自信的方法 / 069

现场案例：朋友为什么拒绝我 / 070

解压茶点：自我暴露有助于加深亲密程度 / 074

现场案例：谁能理解我 / 077

解压茶点：如何迅速拉近关系 / 081

现场案例：老板反复无常　我将何去何从 / 083

解压茶点：走出虚假的"别人关注" / 086

现场案例："同学"也需要沟通 / 088

解压茶点：认识自我的技术——周哈里之窗 / 091

第 *4* 章

推开性格缺陷的压力之门

性格初了解 / 100

人格类型非常测试 / 101

性格"生病"了 / 106

性格中的动力系统：情绪 / 109

坏情绪同样助你成长 / 111

要统领性格就要管理好自己的情绪 / 113

爱算计的人压力大 / 119

乐观的性格吸引好运气 / 124

现场案例：寻求关注的烦恼 / 127

解压茶点：四句话改变人生 / 130

现场案例：隐形的自卑使职场困难缠身 / 131

解压茶点：职业压力的自我调整 / 135

现场案例：开不起的玩笑 / 137

解压茶点：人生的四种基本态度 / 140

现场案例：迁就，让我的心很受伤 / 141

解压茶点：用自信改善性格中的阴暗面 / 145

现场案例：我的热情在哪里…… / 148

解压茶点：用有能量的语言和同事讲话 / 152

第 **5** 章
在竞争的压力中不断成长

职业竞争力测试 / 156

培养核心竞争力是立足之本 / 159

竞争失败时，你可能会这样 / 160

不做竞争挫败感的易感染人群 / 163

如何在竞争中保持积极的心态 / 164

如何更好地工作 / 166

现场案例：没有升迁的苦恼 / 170

解压茶点：凯利魔术方程式 / 173

现场案例：奖金被扣之后 / 175

解压茶点：静坐默想法 / 178

现场案例：这个职业值不值得做 / 179

解压茶点：运动减压 / 182

现场案例：如何安度职业倦怠期 / 183

解压茶点：鹰的重生 / 186

第 *6* 章

打造美好的职业发展之路

走出职业"迷茫症" / 192

频繁跳槽带来的恶果——应激反应综合征 / 194

如何对工作再燃激情——职业枯竭症 / 199

心理测试：最适合你的职业是什么 / 204

寻找适合自己职业领域的方法 / 206

探求适合自己的工作 / 208

从爱好中赚取报酬 / 210

现场案例：他为什么总离职 / 212

解压茶点：心灵想象放松法练习 / 214

现场案例：人，为什么变得这么快 / 215

解压茶点：嗅觉解压 / 218

现场案例：管理从"心"开始 / 219

解压茶点：自我催眠 / 223

现场案例：兴趣和待遇，我要哪一个 / 225

解压茶点：心理意向勾画美好未来 / 229

后　记 / 231

第 *1* 章

你是"压力山大"吗

如果你怀疑自己压力过大，那么不妨先做以下的心理测试。这些心理测试就像医院的CT片一样，只要一拍片，就能清清楚楚地看清问题所在。当我们看清楚问题，解决起来就有的放矢了。

压力警告信号：你是否有压力反应

如何判断自己是否正处于压力状态呢？压力来临的时候，我们的身体、行为、情绪、认知、关系以及精神状态都会出现各种信号。只要我们能仔细聆听身上的压力警告信号，就能清楚地判断自己是否受压力的影响。

身体信号			
*头痛	*消化不良	*胃痛	*心动过速
*疲劳	*手掌出汗	*腰痛	*心神不定
*入睡困难	*头晕	*肩颈绷紧	*耳鸣

行为症状		
*专横	*暴食	*酒精摄入过度

*挑剔他人的态度　　*办事能力差　　　　*晚上磨牙齿

*性欲减少

情绪症状

*无原因地哭　　　　　　*神经紧张，忧虑

*无聊，生活没有意思　　*急躁，随时爆发

*对改变事物感到无能为力　*压倒一切的压力感

*生气　　　　　　　　　*无原因的不快

*孤独　　　　　　　　　*容易心烦意乱

认知的症状

*思路不清　　*健忘　　　*优柔寡断　　*思想开小差

*没有幽默感　*缺乏创造力　*失去记忆　　*经常担心

关系信号

*孤立　　*痛骂　　*缺乏亲密感　　*不能宽容　　*哑口无言

*躲藏　　*气愤　　*唠叨　　　　　*不信任

精神信号

*空虚　　　　*冷淡　*失去意义　　*失去方向　　*怀疑

*不原谅的态度　*讥诮　*心酸　　　　*愤世嫉俗　　*玩世不恭

压力测试

　　了解了压力带给我们的信号之后，我们再深入地进行一次系统的测试。使用的测试量表是总体幸福感量表（GWB），它是美国国立卫生统计中心制定的一种定式型测查工具，用来评价受试者对幸福的陈述。得分越高，幸福度越高。

　　总体幸福等级标准指示：下面的问题问的是你在上个月的感觉、你上个月的情况。对每道问题在最适合你的答案旁画个圈。因为答案没有对和错的问题，最好回答得快一些，不要停顿太长。

1．你的总体感觉怎样（在过去的一个月里）？

精神很不好　　　　1

精神不好　　　　　2

精神时好时坏　　　3

精神不错　　　　　4

精神很好　　　　　5

好极了　　　　　　6

2．紧张或你的神经系统一直在困扰你吗（在过去的一个月里）？

极端烦恼　　　　　1

相当烦恼　　　　　2

有些烦恼　　　　　3

很少烦恼　　　　　4

一点也不烦恼　　　　5

3．你是否一直牢牢地控制着自己的行为、思维、情感或感觉（在过去的一个月里）？

非常混乱　　　　1

有些混乱　　　　2

控制得不太好　　　3

一般来说是的　　　4

大部分是的　　　　5

绝对的　　　　　　6

4．你是否由于悲哀、失去信心、失望或有许多麻烦而怀疑还有任何事情值得去做（在过去的一月里）？

极端怀疑　　　　1

非常怀疑　　　　2

相当怀疑　　　　3

有些怀疑　　　　4

略微怀疑　　　　5

一点也不怀疑　　6

5．你是否正在受到或曾经受到任何约束、刺激或压力，感到处在紧张、压力、紧迫之中（在过去的一个月里）？

相当多　　　　1

不少　　　　　2

有些　　　　　3

不多　　　　　4

没有　　　　　　　　5

6 . 你的生活是否幸福、满足或愉快（在过去的一个月里）？

非常不满足　　　　1

略有些不满足　　　2

满足　　　　　　　3

相当幸福　　　　　4

非常幸福　　　　　5

7 . 你是否有理由怀疑自己曾经失去理智，或对行为、谈话、思维和记忆失去控制（在过去的一个月里）？

是的，非常严重　　1

有些，相当严重　　2

有些，不严重　　　3

只有一点点　　　　4

一点也没有　　　　5

8 . 你是否感到焦虑、担心或不安（在过去的一个月里）？

极端严重　　　　　1

非常严重　　　　　2

相当严重　　　　　3

有些　　　　　　　4

很少　　　　　　　5

无　　　　　　　　6

9．你睡醒之后是否感到头脑清晰和精力充沛（在过去的一个月里）？

　　　无　　　　　　　1

　　　很少　　　　　　2

　　　不多　　　　　　3

　　　相当频繁　　　　4

　　　几乎天天　　　　5

　　　天天如此　　　　6

10．你是否因为疾病、身体的不适、疼痛或对患病的恐惧而烦恼（在过去的一个月里）？

　　　所有的时间　　　1

　　　大部分时间　　　2

　　　很多时间　　　　3

　　　有时　　　　　　4

　　　偶尔　　　　　　5

　　　无　　　　　　　6

11．你每天的生活中是否充满了让你感兴趣的事情（在过去的一个月里）？

　　　无　　　　　　　1

　　　偶尔　　　　　　2

　　　有时　　　　　　3

　　　很多时间　　　　4

　　　大部分时间　　　5

所有的时间   6

12．你是否感到沮丧和忧郁（在过去的一个月里）？

所有的时间   1

大部分时间   2

很多时间   3

有时   4

偶尔   5

无   6

13．你是否情绪稳定并能把握住自己（在过去的一个月里）？

无   1

偶尔   2

有时   3

很多时间   4

大部分时间   5

所有的时间   6

14．你是否感到疲劳、过累、无力或精疲力竭（在过去的一个月里）？

所有的时间   1

大部分时间   2

很多时间   3

有时   4

偶尔   5

无   6

15．你对自己健康关心或担忧的程度如何（在过去的一个月里）？

不关心　10 9 8 7 6 5 4 3 2 1 0　非常关心

16．你感到放松或紧张的程度如何（在过去的一个月里）？

松弛　10 9 8 7 6 5 4 3 2 1 0　紧张

17．你感觉自己的精力、精神和活力如何（在过去的一个月里）？

无精打采　0 1 2 3 4 5 6 7 8 9 10　精力充沛

18．你忧郁或快乐的程度如何（在过去的一个月里）？

非常忧郁　0 1 2 3 4 5 6 7 8 9 10　非常快乐

提示：把每个问题的得分数加起来，把总分写在这里：（　）

压力总分解析：

高于81分　表示肯定的健康状况

76～80分　低度肯定

71～75分　边缘

56～70分　表示压力问题

41～55分　表示痛苦

26～40分　严重

低于25分　非常严重

你的分数如果在70分以下，需要你找出生活中主要的压力诱因并采取适当的行动。我们更要培养一种意识，要认识到压力如何影响你自己，并聆听你身上的压力警告信号。

工作压力测试

下面的测试，将帮助您更明确地知道工作带给你的压力有多大。

1. 每天的工作都像到了最后期限。

2. 有时候吃午饭也要工作。

3. 你不断地让自己接受新的工作，同时也不放弃原有的工作。

4. 开始怀疑这份工作的意义。

5. 有时候会莫名其妙地心烦意乱，甚至感到透不过气来。

6. 希望对工作更有自信心。

7. 你知道你的工作需要感情投入，但不知道怎么做到。

8. 常常在梦中思考工作的事。

9. 做这份工作已经五年了或更长的时间。

10. 在工作空闲的时候也很难放松。

11. 当开始新的工作项目时，觉得难以马上投入。

12. 虽然很喜欢自己的工作，但投入过多的时间时你又感到不满。

13. 似乎没有其他时间学新的东西。

评分说明："没有"为0分；"有时候这样"为1分；"的确如此"为2分。

分析：分数低于8分，说明你很清楚这份工作不是你生活的全部，你懂得恰到好处地分配时间，并且对付工作压力的能力也很强。

8～20分：你该注意了，是不是工作占用了你80%的时间。

大于20分：工作左右了你全部的生活，你在别人眼中是一个工作狂，你自己也会感到身心疲惫。

职业压力状态测试

本测试是为了看你是否受到职业压力的困扰，以及受到困扰的程度，并指导你该如何应对职业压力。

测试导语：

本测试共20题，由一系列的疑问句组成，请在仔细阅读后作答，如果你认为与你的情况相符，就在括号内打"√"；反之，则打"×"。

开始测试：

1. 你的工作效率降低了吗?   （ ）

2. 在工作上，你的进取心降低了吗?   （ ）

3. 你已对工作失去兴趣了吗?   （ ）

4. 工作压力比以前大了吗?   （ ）

5. 你感到疲惫或虚弱吗?   （ ）

6. 你头痛吗?   （ ）

7. 你胃痛吗?   （ ）

8. 你最近体重减轻了吗?   （ ）

9. 你睡眠有问题吗?   （ ）

10. 你会感到呼吸短促吗? （ ）

11. 你的心情经常改变或沮丧吗? （ ）

12. 你很容易就生气吗? （ ）

13. 你常有挫折感吗? （ ）

14. 你比以前更会疑神疑鬼吗? （ ）

15. 你比以前更觉得无助了吗? （ ）

16. 你使用太多药物（如镇静剂）或酒精来改变你的情绪吗?

（ ）

17. 你变得越来越没有弹性了吗? （ ）

18. 你变得更加挑剔自己和别人了吗? （ ）

19. 你感到忙而无效了吗? （ ）

20. 你觉得自己的幽默感减少了吗? （ ）

计分评估：

如果你有10~15题回答"√"的话，你已经濒临压力警戒线了；

如果你的答案超过15题是"√"的话，那表示你已经快"燃烧殆尽"了。

我们已经做完了一系列关于压力的测试，那么，究竟什么是压力呢? 作为这本书的读者，您一定希望有更专业的解释来认识压力和彻底解决压力问题。那么，就让我们进一步来认识"压力"到底有什么内涵。

什么是压力

可能有些朋友不想有压力，其实压力是我们生活中不可或缺的一部分，谁也离不开压力。

就如同狮子与羚羊的故事一样：每天清晨，羚羊睁开眼睛，所想的第一件事情就是，我必须比狮子跑得更快，否则，就会被它吃掉。而就在同一时间，狮子也从睡梦中醒来了，它脑子里闪现的第一个念头就是，我必须追上羚羊，要不然我就会饿死。于是，几乎是在同时，羚羊和狮子一跃而起，迎着朝阳跑去。

没有生存的压力，羚羊不能成为奔跑的健将，狮子也不能成为草原的猎手。对于我们人类来说，如果没有学习和工作的压力，我们就不会进步。

因此，压力是一把双刃剑，在促进我们成长进步的同时也会给我们带来"副作用"。实际上，压力往往是面对自己无法处理的问题时的一种情绪反应，常常伴随着无力、无奈、不知所措的沮丧和忧郁。当压力超过负荷时，才会对我们的身心造成危害。

那么，到底什么是压力呢？

"压力"一词有着多种含义和界定。从心理学角度来说，压力是由于事件和责任超出个人应对能力范围时所产生的焦虑状态，是指人的内心冲突和与其相伴随的强烈情绪体验。从生理角度来说，压力是身体的疲惫和受折磨程度。

在东方哲学中，压力被认为是内心平和的缺失。在西方文化中，压力则是一种失去控制的表现。

职场压力

我们这本书主要是解决职场压力的，那么具体到职场中，又该如何理解呢？

所谓职场压力又叫"职业应激"，由工作或与工作直接相关的因素所造成的。例如工作负担过重、变换工作岗位、时间压力、工作所承担的责任过大；机器对人要求过高、工作时间不规律、倒班、工作速度由机器确定、上班过远、工作的自然和社会环境不良等。研究表明，这些因素是职场中的人们日常生活中最主要的职业应激。过度的工作应激会导致疲劳、焦虑、压抑和工作能力下降，甚至发展为职业倦怠症。

在当今世界，由于竞争激烈，社会体制不断变化，每个人都会感觉到不同程度的压力。根据一项来自美国的研究发现，90%的人接受初级的治疗与压力有关；每年大约有750000名美国人尝试自杀——因为无法排解工作压力；美国约100万员工因为压力大而缺勤；40%的员工工作调动与压力有关。在全球，导致员工丧失劳动力的十大主要原因中，有五个属于心理问题。

在中国，也有大量的员工受到心理问题的困扰。工作压力过大、人际关系困难、家庭和婚姻生活不幸福、缺乏自信心等心理问题困扰着企业的员工。

压力反应的三个阶段

著名生理心理学家汉斯·薛利在前人研究的基础上对压力的生理病理反应进行了开创性研究,认为压力是对任何形式的伤害性刺激所产生的生理反应,即"一般性适应综合征",包括警觉反应期、抗拒期和衰竭期三个阶段,如图1所示。

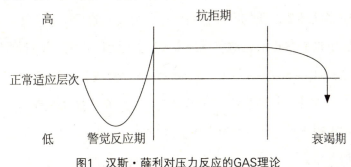

图1　汉斯·薛利对压力反应的GAS理论

第一个阶段:人体会产生一个低于正常水平的抗拒,会引起人体肠胃失调、血压升高,然后人体会迅速做出自我保护性的调节。保护有效则恢复到正常水平,无效就会出现身心的不良反应。

第二个阶段:此时,压力状态的个体处于高度的唤醒状态,与应激源进行对抗,生理处于多重的症状,如胃溃疡、动脉硬化;心理上处于高度焦虑、认知能力下降、思维受阻;处事风格变得优柔寡断,担忧发生不良后果等。

第三个阶段:能量即将耗尽,人体的唤醒状态开始下降,荷尔蒙分泌减少,免疫系统开始衰竭,疾病纷纷而至,心理上严重抑郁、退缩、厌倦。严重的有自杀行为出现，例如著名影星张国荣、歌星陈琳等都因抑郁症而自杀身亡。白岩松和崔永元也一度因为情绪问题而受尽折磨。

压力带给我们的危害

在测试环节，我们已经看到压力会给我们的身体、情绪、认知和行为上带来多重的影响。具体来说，当遭到外界强烈的刺激后，我们会产生一系列的反应，如神经兴奋、激素分泌增多、血糖升高、血压上升、心率加快、呼吸加速等，只要其强度、频率、持续时间都比较适当，并不会对人体造成损害，而且有益于保护机体。

但是相对于个体的承受能力而言，如果长期、反复地处于职业应激中，就会导致一系列不良反应：工作上会产生对工作不满意、厌倦感、无责任心等问题，并导致工作效率降低、缺勤率高、失误增多；生理上会出现失眠、疲劳、情绪激动、焦躁不安、多疑、孤独、对外界事物兴趣减退等问题，并会导致高血压、冠心病、消化道溃疡等；此外，还可导致危害行为，如吸烟、酗酒、滥用药物、上下级关系紧张以及迁怒于家庭成员等。

没有压力，人就没有成长，就会产生"不可承受之轻"；压力太大，人又会被压力打垮，身心就会紊乱、出毛病。因此，掌握压力的强度，适时调整压力带给我们的伤害，这是我们忙碌的职场人需要练就的本领，让压力为我们所用而不使我们所累！

第 *2* 章

工作压力
从何而来

　　几乎所有的工作对一些人来说都是具有压力的，而对另一部分人来说则未必如此。一个人的个性特质可以影响工作压力的大小，同时，生活压力也会对工作压力产生影响，因为压力具有叠加性。如果一个人在生活中已经面临严重的情感危机，那么工作上的一根稻草就会将其压倒。

　　表1列出了工作压力的主要来源，能帮我们更加清楚压力从何而来。

表1　工作压力的主要来源

压力源	主要因素	可能后果
工作条件	工作超负荷或负荷不足 工作的复杂性和技术性压力 工作决策与责任 紧急或突发事件 物理危险 时间变化	生产线歇斯底里症 精疲力竭 生物钟紊乱 健康受到威胁 烦恼和紧张增加
角色压力	角色模糊 角色冲突	紧张和焦虑增加 低工作满意度与低绩效 过于敏感
人际关系	缺乏接纳与支持 钩心斗角，不合作 领导对员工不关心	孤独、忧郁 敏感 人际退缩
职业发展	升职或降职 工作安全性与稳定性 抱负受挫	失去自信 焦虑增加 工作满意度和生产力降低

续表

压力源	主要因素	可能后果
组织系统	结构不合理，制度不健全 派系斗争 员工无参与决策权	动机与生产力低下 挫折感 对工作不满意
家庭工作交互影响	引起压力的生活事件 （婚姻和家庭的压力）	焦虑和紧张增加 身心疲惫

下面，我们重点谈谈造成工作压力的几点主要原因，大家可以根据这些具体的介绍来找到或者预防压力。

重大的人生和工作变故

当生活中发生重大变故的时候，会让我们备感压力。比如一名女性因为生育已经几年未曾进入职场，而再重新找一份工作，对她来说，压力就很大。尤其是当人们被迫改变生活方式的时候，产生的压力会更大。改变的程度越大，改变的时间越短，因为压力产生的身心问题就越大。

角色冲突

角色冲突是指必须在互相矛盾的需要或者期望之间做出选择的

情况。如果你与角色的某一方面（或者某些角色）保持一致的话，那么和角色的另一面（或者另一些角色）也保持一致就非常困难。角色冲突又有四种情况：

⊙ 角色赋予者本身的冲突

当上司要你完成两个相互矛盾的工作的时候，这一类的冲突就发生了。如果你的老板叫你快点完成工作，同时又要求你少犯错误的时候，你就会体验到这种冲突。

⊙ 角色赋予者之间的冲突

当不同的人要你完成相互矛盾的工作时，这一类冲突就发生了。比如，某个晚上领导要你加班，而孩子要求你必须去参加他的文艺会演。

⊙ 角色接受者之间的冲突

这一类冲突是指你所承担的不同角色之间所存在的冲突。比如，你的老板希望你大部分的工作时间在外地出差，而你的伴侣却威胁你如果这样就和你离婚。

⊙ 个人角色冲突

当老板希望你承担的角色和你自己秉持的价值观产生矛盾的时候，这类冲突就发生了。比如，老板要求你解雇你的下属，可是你却觉得违背了你的公平、正义原则。

角色模糊

工作上的角色模糊是指工作职责没有清晰界定，或者在工作中收到让人混淆的指令的情况。在各个行业从事各种工作的员工都会碰到不清楚自己真正的工作职责的情况。许多人面对角色模糊的时候会变得紧张和不安，这是因为你不清楚自己应该做什么，并且无法控制自己的工作。这种无法掌控的局面会让人产生压力感。

角色过重或过轻

工作角色过重会产生压力，因为有太多的工作需要去做，人往往会因此而疲惫不堪，因此无法忍受纷扰和刺激。这个很容易理解，就像一个人如果没有睡好，就很容易因为一点小事而发脾气。工作角色过重让人感觉永远跟不上计划，这也会造成很大的压力。

不仅角色过重会产生压力，角色过轻同样也会产生压力，可能有些人不太理解这种情况，以为悠闲的生活才是好的，但事实并非如此。因为人们总是希望通过努力能够实现自己的价值，而且在工作中创造独有的贡献也是赢得自尊的好方法，长期无所事事的状态同样会让人感觉到压力。当然，在现代竞争激烈的职场中，很难找到像闲云野鹤一样的人，因为大家都普遍感觉压力太大了。

工作缺乏安全感或失业

在如今经济高速发展的社会，公司倒闭或被兼并的情况时有发生，精减人员的事情也经常会降临到员工身上，失业就会诱发生存的压力。这里并不是只有失业的人会感到有压力，那些在岗的人同样会感到有压力。组织变动，那些在岗的人会面临工作内容的调整，政治斗争会更激烈，有些人还有可能面临减薪的危险。当然，相比之下，失业的压力比在单位缺乏工作的安全感会更大。

恶劣的工作环境

恶劣的工作环境也会让员工产生压力，包括办公场所的拥挤、嘈杂、空气污染，或者不符合人体工程学的办公设施。如果办公室有浮尘、霉菌或者有害气体，那么就会令人感觉头疼、恶心或者感染各种呼吸道疾病，这些让人不适的方面都会让员工产生压力。

以上涉及的压力来源都有可能成为压倒职业人的因素，甚至一些人不止拥有一项压力源。工作中的适当压力会给一些人带来动力；压力过大，超出个人承受能力，将会给个人带来消极的影响，甚至产生躯体化症状。

职场压力不能消灭，但可以享受

在职场上，我们常常因为自己在某方面不如别人就不高兴：自己的能力不如别人强，事情不如别人做得好；提升得不如别人快……这让我们的心理很容易失衡，从而造成一种压力状态。在企业员工的心理问题中，缺乏自信心位居首位。

我们先看一个问题：

现在要选举一名领袖，而你这一票很关键，下面是关于三个候选人的一些事实：

候选人A：跟一些不诚实的政客有往来，而且会星象占卜学。他有婚外情，是一个老烟枪，每天喝8～10杯的马丁尼。

候选人B：他过去有过两次被解雇的记录，睡觉睡到中午才起来，大学时吸鸦片，而且每天傍晚会喝一大夸特威士忌。

候选人C：他是一位受勋的战争英雄，素食主义者，不抽烟，只偶尔喝一点啤酒。从没有发生过婚外情。

请问：你会在这些候选人中选择谁?

面对这个问题，可能很多人会选C成为领袖。确实，过去曾有很多人很拥护他，他就是阿道夫·希特勒。而A是富兰克林·罗斯福，B是温斯顿·丘吉尔。

我们每个人每一天都在用自己固有的价值观来面对现实，思考事物，而我们的价值观则决定着我们的情绪和行为。因此，经常反思自己，保持正确的价值观将有助于我们有效地面对工作和生活中的压力。

有一种方法叫"意义换框法"，这种方法有助于改善我们负面的消极信念，改变感受和信念就可以找出负面感受中的正面意义。

举两个具体的例子，看看如何运用"意义换框法"改变负面认知。

例1：因为上班路程远，所以我很烦。

把句子中的"果"（很烦）改为它的反义词，把句首的"因为"两个字放到最后，句子变为：上班路程远，所以我很开心，因为……我可以每天两遍横穿城市，看城市中更多的美丽风景；我可以有更多时间在户外接触自然；我所熟悉的地理领域大大扩充了；我可以有更长时间体验我喜欢的开车感觉；我可以有更多时间听我喜欢的音乐调频广播。

例2：上司挑剔，所以我工作不开心。

改为：上司挑剔，所以我工作积极，因为……我能变得更能干，并且能得到更快的提升；我能通过自己的成绩，改变上司对我的态度；我可以通过这种机会，锻炼自己，积累经验，这些都将成为宝贵的职业财富。

我们可以和几个朋友一起进行"意义换框法"的游戏，因为自已处于思维的误区里的时候，容易走不出来，大家可以一起头脑风暴，协助当事人把句子填写完整，至少写出六个不同语句，再找出最能接受的一句，反复念数遍，再体会内在的感觉，就会有很大的不同了。

当我们从所谓的"负面事件"中找到正面意义时，就能为自己增加正能量。

人人的内心都有自身的"能量场"，能量场里既隐藏着自信、豁达、愉悦、进取等正性能量，又暗含着自私、猜疑、沮丧、消沉等负性能量。这两种能量，可以说是此消彼长的关系。因此，当正性能量不断被激发时，负面情绪会逐渐被取代，人的幸福感也会慢慢增加。

所以身在职场，要学会用积极的心态调整自己，引导自己远离消极。正能量好比一座"磁场"，可以向外辐射积极和乐观。拥有正能量的人是自信的、值得信赖的。

 现场案例

工作角色定位模糊引发的职场压力

小钟是一位刚参加工作的大学毕业生。他在校期间就对职业有着美好的憧憬，工作后也非常努力，他说："我很爱自己的工作，热情很高，总是第一个到公司，打水、清扫卫生、准备辅料。可七个多月过去了，热情没有了，也不愿意工作了。"

"请谈谈由热情很高到没有热情这种情绪转变过程中，发生了什么事。"小钟想了想说："我们公司主要是搞设计的，往来客户很多，我是学这个专业的，也很有兴趣。但工作一段时间后就感觉好像同事都在躲着我，并对我指指点点的。"

"感觉是一种猜测……"

"我绝对不是猜测，这是真的。"小钟表情严肃地说。

"谈谈是什么引起了同事们的行为变化。"

"我比较爱说，做事也主动，每个客户过来我都热情地介绍公司，当然也介绍自己的作品，请他们提建议。逐渐地，我熟悉了很多客户，同事们反而冷淡了我。"

"你的业务是接触许多的客户，还是仅限几个固定客户？"我进一步询问。

"仅限几个固定客户。"

"请想一想，你主动接触其他同事的客户，别人会怎么想？"

"别人怎么想我倒没考虑，我现在一提到公司就头疼，父母逼我去工作，我就去医院看病，现在失眠很严重，体重由160斤降到130斤了。老师您看看，我这衣服多肥大。"小钟站起来双手摆弄着衣服让我看。

"是呀，是够肥大的了。"我回应着，并继续说，"人在职场中都有一个角色规定，正如演戏一样，你不能一个人把所有角色都演了，这种超出界限的表现，容易造成混乱和矛盾。"

"这人际关系太难处了，我对他们很热情，但他们不买账。""对人要友好热情，这是普通要求，如果这热情有了特定内涵和越界的表现，热情就会变成对别人的威胁。"我慢慢引导小钟由此联想到自己的问题，启发他如何处理好人际关系。

⊙ 心灵解密

小钟把角色定位、人际关系、人际界限统统混在一起来处理，一律用热情的态度回应，结果使小钟有失败感。小钟不理解对同事那么热情友好，而遭到拒绝的原因。

其实，一个人的角色转变是要与相应的心理转变配套才能适应环境。有心理准备的人，能很快地适应角色要求，小钟是一位设计人员，这方面他做得比较成功，但与客户的关系上没有限定在他自己的工作范围内，而是侵入到了他人的工作领域之中，给他人造成了一种威胁。

当同事对小钟的行为有所微词时，小钟还很委屈：我对他们那么好，他们还在背后议论我，真是没良心。这是角色定位扩大化了，小钟没有把握好角色的界限。小钟内心还有一种心理误区，就是要求"人人都喜欢我"。

小钟的热情态度固然很好，但他的热情遭到质疑时立刻就要逃避和愤怒，这种逃避和愤怒就是环境中没有达到"人人都喜欢我"的要求所导致的。

小钟要仔细辨析要求与需求的关系，"要求"是一种绝对化概念，"需求"是证明自己某些方面的欠缺，如一个缺乏关爱的孩子长大时，最需求情感的安慰，或自己通过对别人的情感安慰换来自己想要的东西。小钟可能有这种被关爱的情感需求。

工作角色定位模糊必然导致人际关系出现问题，人际关系与人际沟通在职场中是决定一个人能否发展的重要方面。人际关系是有界限的，除了要具备热情合作的态度外，还要清楚人际关系的多边组合，如上行、下行、平行沟通的法则。小钟不具备这方面的知识，也是造成小钟心里苦恼的原因之一。

⊙ 解压药方

在专业人士的帮助下，彻底盘点自己到底需求的是什么。如何认知这种需求，想得到别人的称赞认可，抑或在遵守规则的前提下达到别人的认可，这两种认知是不一样的，后者的行为更能让他人接受；职场中出现情绪波动时应先静下来，做一做放松训练，也可以暂时带着这种情绪工作，同时积极寻求帮助，专业帮助尤为重要。此外，还要充分相信自己的能力，可以克服消极情绪。在职场中，当你以新人的面孔进入团队时，要清楚其内涵及外延，重要的是要知道其边界在哪儿，不要弄成"老生唱青衣"的歪曲表演，最后，对于工作要建立一种认知，即工作是幸福的，学会欣赏他人的成绩和让他人欣赏也能帮助你获得幸福。

 **解压茶点**

放松小诀窍

⊙ 打盹

紧张的你要学会忙里偷闲。学会在家中、办公室，甚至汽车上都可借机打盹，有时候只需要短短的几分钟，就能让你神清气爽。

⊙ 唱歌

如果感觉郁闷就去唱卡拉OK，放开歌喉，尽量拉长音调。因为大声唱歌需要不停地深呼吸，这样可以得到放松，让心情愉快。

⊙ 想象

借由想象你所喜爱的地方，如大海、高山等，放松大脑；把思绪集中在想象物的"看、闻、听"上，并渐渐入境，由此达到精神放松的目的。

⊙ 突破常规

经常试用不同的方法，做一些平日不常做的事，如改变下班回家的路线、尝试用左手吃饭等。

⊙ 找家人或朋友倾诉

如果自己遇到压力和烦恼，对家人和要好的朋友说出来，有宣泄的作用。当然，这些人一定是你最值得信赖的人，而且对你的性格、爱好、优点、缺点非常了解和熟悉。这里需要注意的是，不要成为到处诉苦的祥林嫂，倾诉一定要找对合适的对象，必要时可以寻找专业的心理医生。

⊙ 与大自然亲近

生活在钢筋水泥的都市人已经远离了大自然，但是本能和遗传的作用还是能让人感到大自然的亲切，这种亲切感会让人备感轻松。因此，感觉有压力时就多亲近大自然，如在草地上打个滚、在大树下睡一觉、闻闻花草的香气、听听鸟鸣的声音、把脚放在小溪流中……当我们的视觉、听觉、嗅觉和触觉全部开放时，我们就容易感觉轻松快乐。

 **现场案例**

角色冲突——职场和家庭两头累

黄新伟最近心情很不好，他坐在我的对面，不停地把眼镜摘下来擦拭然后再戴上。

几分钟后小黄说："我很累，每天加班，回家很晚，妻子也不知照顾我。我早上7点起床，她已经上班去了。现在我们两人处于冷战状态，谁也不理谁。"

"你们结婚几年了？"

"三年了，目前还没有要孩子，主要原因是工作太忙，按理说，二人世界应该能谈谈心、讲讲话，相互关心才对。可最近我觉得她离我越来越远。"

小黄一脸严肃地看着我，摇着头。我了解到小黄自结婚后与妻子的关系很好。以前小黄工作也很忙，妻子都是等他回家吃晚饭。小两口说说话、谈谈天，很亲密。近半年来妻子不但不做晚饭，而且自己先睡下，着实令小黄烦恼。我看得出小黄与妻子之间的问题不是那么简单。

我问道："你最近还有其他的烦心事吗？"

"唉，"小黄叹口气，接着说，"我毕业来到这家公司十年了，业务很熟，我工作努力，五年前就被提拔为公司骨干，领导一个团队，自我感觉良好。前年新换了一位老板，公司规则与前任老板有了很大的改变，企业文化也与前任有了很大不同。我为了适应新老板，做了很大的个人牺牲。"

"做出个人牺牲，确实很辛苦，能谈谈是什么样的牺牲吗？""现任老板经常在晚上七八点钟找我，于是我养成了有事没事都加班的习惯，一般到晚上9点才离开公司。"

"回家越来越晚，家务活越干越少，与妻子交流越来越少。"

"工作很累，可妻子却不理解。"

"你要求妻子理解你哪些方面？"

"当然要求她能理解我为什么回家晚。我在公司小心翼翼，使劲讨好老板，回家就要彻底放松，妻子应该懂得我的心思。"

在我的启发下，小黄讲述了他的职业需求。比如讨好老板的目的是得到升迁，可同事说小黄不近人情，很难交往。小黄很委屈，认为自己的性格本来内向，对同事很友善，就是得不到同事的支持。回家后想和妻子交流心事，一见妻子冷淡的态度，想说的话又压抑到内心之中。一个问题没有解决，又引起新的问题出现，问题的叠加导致了小黄心情的沉闷。

小黄说："下一步我要辞职再换一家公司，同时也考虑与妻子分居一段时间，可能我注定是一个孤独的人。"

"辞职或分居能解决目前的问题吗？"

小黄回答："不知道！"

我问小黄："你认为工作和家庭哪个问题解决后才能使你的心情好转？"

"工作问题！"小黄毫不犹豫地回答。

⊙ 心灵解密

小黄性格内向，与人交往只是保留在纯理性的层面上，情感的交流很少，同事对小黄的业务能力认可，但对小黄的人际关系多有微词，这是小黄升迁遇阻的原因之一。

另外，小黄加班很晚的动机是迎合老板，让老板看到自己是多么投入地工作，而工作任务并没有完成，这是老板能看到的事实，也是他升迁遇阻的第二个原因。

第三个升迁遇阻的原因是小黄把工作中的不顺心转移到妻子那里，于是对妻子百般挑剔，妻子也有很大的委屈，造成二人的冷战。小黄认为妻子应该能知道自己的心事，而妻子并没有如他想象的那样理解他，于是造成小黄情绪低落，小黄把在家中的负性情绪又带回到工作中，工作中经常出现纰漏，公司讨论升迁人选时，小黄认为自己肯定落选。

⊙ 解压药方

"我努力去工作，为什么得不到老板及同事的认可？"

"我爱我的妻子，为什么得不到她的理解？"

这是小黄自己要解决的主要问题。真正解答这个问题需要他反省自己在同事关系中的行为，需要他反省自己在夫妻关系中的做法。

无论同事或夫妻关系，首先要真诚，相互关心和理解，关系中的人与人的互动与接触，都是有差异的交往，没有差异便无交往，关键是理解对方，差异才能变为美丽，变为信任和动力。

其次，要明白自己在工作中的需求是什么，明白在生活中的需求是什么。二者的需求不能混淆，不能界限不清。工作中升迁的实现不仅需要过硬的业务能力，还需要良好的人际关系；夫妻间需要的是双方温柔体贴和理解，不能一味地认为"我工作忙，而且出现困惑，妻子必须理解，必须照顾我，否则我就不高兴"。

再次，小黄要从正面角度看问题，坚持目标方向，灵活调整策略，积极合理归因，乐观地处理职场上的困惑。

最后，要建立广泛而亲和的人际关系，不能用自己的标准去要求别人，要学会恰如其分地表现自己，对他人多一些宽容，培养自己的幽默感。

培养上述特质是职场成功的基础，更是改善夫妻关系的良药。

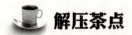 **解压茶点**

改变非理性信念

人们的很多痛苦来源于头脑中的不合理信念，或者叫作错误信念。简单来说，当事件（A）发生，产生了错误信念（B），所以导致了精神和身体的痛苦（C）。而如果我们不用B来解释事件，我们也不会产生C这样的结果。例如，两个人一起在街上闲逛，迎面碰到他们的上司，但对方没有与他们打招呼，径直走过去了（A）。这两个人中的一个对此是这样想的："他可能正在想别的事情，没有注意到我们。"（B）而另一个人却可能有不同的想法："是不是上次顶撞了他一句，他就故意不理我了，下一步可能就要故意找我的麻烦了。"（B）

两种不同的想法（B）就会导致两种不同的情绪和行为反应。前者可能觉得无所谓，该干什么仍继续干自己的（C）；而后者可能忧心忡忡，以致无法冷静下来干好自己的工作（C）。从这个简单的例子中可以看出，人的情绪及行为反应与人们对事物的想法、看法有直接关系。其实与发生的事物（A）没有直接的关系，但是我们抱怨往往是因为某人某事而让自己不开心。

其实，让我们痛苦的并不是事物本身，而是我们对于事物的看法而已。

分析日常生活中的一些具体情况，我们不难发现人的不合理观念常常具有以下三个特征。

⊙ 绝对化的要求

这是指人们常常以自己的意愿为出发点，认为某事物必定发生或不发生的想法。它常常表现为将"希望""想要"等绝对化为"必须""应该"或"一定要"等。例如上面案例中小黄认为"我工作忙，而且出现困惑，妻子必须理解、照顾我"，而妻子没有如他所愿，他就很失望和痛苦。

这种绝对化的要求之所以不合理，是因为每一客观事物都有其自身的发展规律，不可能以个人的意志为转移。对于某个人来说，他不可能在每一件事上都获得成功，他周围的人或事物的表现和发展也不会以他的意愿来改变。因此，当某些事物的发展与其对事物的绝对化要求相悖时，他就会感到难以接受和不适应，从而极易陷入情绪困扰之中。

⊙ 过分概括化

这是一种以偏概全的不合理思维方式的表现，它常常把"有时""某些"过分概括化为"总是""所有"等。这就好像凭一个人的外表来判定他的好坏一样。这种思维方式具体体现在人们对自己或他人的不合理评价上，典型特征是以某一件或某几件事来评价自身或他人的整体价值。例如，有些人在竞争中落选，就会认为自己"一无是处、毫无价值"，这种片面的自我否定往往导致自暴自弃、自罪自责等不良情绪。而这种评价一旦指向他人，就会出现一味地指责别人，产生怨怼、敌意等消极情绪。

有句话说得好：一个人不能见到海滩上所有漂亮的贝壳，只能捡到一部分。同样，金无足赤，人无完人，因此，每个人都有其自身的差异性，每个人也都有犯错的可能性。

⊙ 糟糕至极

这种观念认为如果一件不好的事情发生，那将是非常可怕和糟糕的。例如，"领导当着那么多人批评我，我在单位没法待下去了"，"我没当上经理，不会有前途了"。这些想法是非理性的，因为对任何一件事情来说，都会有比之更坏的情况发生，所以没有一件事情可被定义为糟糕至极。但如果一个人坚持这种"糟糕"观点时，那么当他遇到他所谓的百分之百糟糕的事时，他就会陷入不良的情绪体验之中，从而一蹶不振。

因此，在日常生活和工作中，当遭遇各种失败和挫折，要想避免情绪失调，就应多检查一下自己的大脑，看是否存在一些"绝对化要求""过分概括化"和"糟糕至极"等不合理想法，如果有，就要有意识地用合理观念取而代之。

当你情绪不好的时候，不妨问问自己，为什么这么不开心，是不是自己把有些事情想得太严重了，或是会错了意。换个想法，就能换个心情！

 现场案例

我把工作的情绪带回了家

贾晓昱是一位40岁的中年男人，在一家机构做设计工作。贾晓昱跟我的谈话首先是从孩子教育开始。

"我的孩子今年12岁，总是不跟我沟通，我问他什么话，他就跟我甩脸子。这不，老师还把我请到学校，告诉我这孩子经常一个人愣神，很不合群，也从不与其他同学说话。您说说，我这可怎么办？"

"孩子的成长过程中最重要的是建立自我概念，自我概念的建立从出生开始，受父母的影响最大。能谈谈你与孩子是如何互动的吗？"我与贾晓昱的谈话继续深入，并发现了贾晓昱与孩子沟通的一些问题。

"现在想起来，孩子的问题还真是我造成的，我经常教育他少与同学来往，少与陌生人说话，以免出现麻烦。""是我把工作的问题带到了家庭……"

贾晓昱的问题主要集中在职场上的人际关系中，通过人际关系反映出贾先生的人格缺陷。

因贾先生工作性质所决定，需要经常与人接触，研讨工作中的问题，贾先生最担心的是别人对其设计提出不同意见，于是慢慢变得对所有人说的话都敏感，与人接触时全身紧张，不能放松。

三年前，一位副总来到贾先生的面前谈工作，贾先生没有与副总主动打招呼，事后听同事讲，那位副总很生气，说贾先生不懂规矩。这件事对贾先生影响很大，于是他小心谨慎地对待同事、上级。

回家后也经常对孩子说单位的事，教育孩子少与人接触。贾晓昱接着说："我是个内向的人，自我评价不高，我也愿意与人接触，但又担心别人对我有不好的看法，我对自己能不能搞好人际关系没有把握，于是干脆躲起来算了，少与人接触不就没有危险了吗？"

⊙ 心灵解密

贾先生性格敏感，由于内心对自我的不信任，又想得到别人的赞扬，所以非常怕批评。

贾先生很看重工作的成绩，遇到别人批评时，立刻觉得自己很失败，为了减少别人对自己的批评，贾先生躲了起来，尽量减少与别人接触。贾先生的这种防御方式，使贾先生的问题越积越多。

他视角狭窄，选择性关注都集中在别人如何评论自己的工作成果上，看见别人在谈话就认为在说自己。于是，贾先生的人际关系越来越紧张，甚至出现与人交往时躯体僵直和紧张出汗等症状。

贾先生存在着较严重的思维扭曲问题，比如把批评看成是别人对自己的攻击，把别人传的话当事实，给自己贴上了负性标签："我是一个不可爱的人""没人会重视我"。因为这种负性标签作用及贾先生对事件的解释风格使贾先生进一步陷入了心里的痛苦之中，他远离了人群，把自己囚禁在心里的牢笼中。当他内心积累到一定的愤怒能量时，只有对孩子发泄最安全，于是造成贾先生的问题堆积。

我给贾先生画了一幅画：一个人指着对方，另一个人侧身远望。请贾先生看图讲故事，贾先生讲：这个侧身的人犯了错，被批评。我提示贾先生，一个人迷路了，一个人在指给他方向。贾先生若有所悟地讲："是不是别人的批评也是给我指出一个方向呢？"

⊙ 解压药方

第一，改变狭窄的注意内容，选择性地注意，只会选择符合自己思维、个性特点相一致的事物来关注，从而容易忽视积极的方面；

第二，改变解释事物的风格，解释一件事可以从多种角度出发，采用能使自己更快乐、更进步的解释风格，必须抛弃自己熟悉的习惯，即让自己郁闷的解释风格；

第三，学会积极的问题应对方式，决不能采用情绪应对，这样会把问题扩大化；

第四，有氧锻炼身体，做放松练习，减缓内心的紧张程度；

第五，学会与人真诚交流，放下凭空想象的担心，就会建立亲密的人际关系。

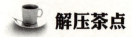 **解压茶点**

在家中做减压瑜伽

当你感到压力很大时，是否感觉到颈、肩酸痛，头脑发胀，身心俱疲？做做下面这几种简单易学的瑜伽体位吧！它们能帮你松弛神经、缓解疲劳、释放压力。

第一式：伸展全身

做法：身体自然站立，两腿稍分开。深吸气，足尖踮起，两臂成V字形上举，然后徐徐呼气，脚跟落回地面，双臂也落下，身体恢复原先站立姿态。反复做3～5次。每个体位保持3次呼吸！

第二式：站姿前弯

做法：自然站立，两腿分开，双手互握手腕处或肘关节处，上身从髋部开始向前弯，头放松下垂。保持姿势，缓慢呼吸3次。反复3次。

第三式：简易山式

做法：盘腿坐姿，两手互握置于腹前。深吸气，将两臂翻掌向上举，眼睛看双手；边吐气，边落下双手。反复做3~5次。注意动作过程中要挺胸直背。

第四式：坐姿前弯

做法：盘腿坐姿，两臂向后伸，双手紧握。吸气，然后吐气，同时上半身向前弯，同时背后的双臂上举至水平高度；再吸气，恢复到原先盘腿直坐姿势。反复做3～5次。每个体位保持3次呼吸！

第五式：肩桥式

做法：仰卧，屈膝，双脚平放于地，双臂伸肩，手心向下，放在身体两侧。吸气，呼气，臀部缓慢向上抬起，至肩与膝成一直线。吸气，臀部放回地面。反复做3～5次。每个体位保持3次呼吸！

第六式：犁式

做法：仰卧，双臂伸直，掌心向下，置于身体两侧，双腿并拢。双腿上举，向后画弧形，双脚尖越过头部继续前伸，直至触及地面，保持姿势呼吸2分钟。然后双脚抬离地面，经过头部，恢复到开始仰卧姿势。注意要根据自己的能力做。反复做3遍。

第七式：婴儿式放松

做法：跪式，臀部坐在脚后跟上。然后向前俯身，双臂向前伸，手心张开平放在地，额头着地。尽力舒展脊背，双手尽可能前伸。放松身体！保持5~10分钟。

第 *3* 章

轻松应对工作中的各种关系

人际关系是人们在交往中心理上的直接关系或距离，它反映了个人寻求满足其社会需求的心理状态。职场人际关系，是指在职工作人员之间各类关系的总汇。离开了职场生活，这种人际关系随即消散。

现代人都很重视人际关系。人际关系处理得好不好，在很大程度上决定着一个人的生活质量。而人际关系如何，取决于个人的处世态度和行为准则，最重要的是包容力。下面，我们就先测试一下自己的包容力如何。

心理测试：测测你的包容力

每题有A、B、C三个备选答案，选择符合自己的一个。

1. 半夜被邻家婴儿的哭声吵醒，你是否感到愤怒异常？（　）

　　A. 是的　　　　　B. 有一点　　　　C. 否

2. 倾听和自己相反的意见，你是否感到很困难？　　（　）

　　A. 是的　　　　　B. 有一些　　　　C. 否

3. 你对在剧场中打手机的人是否感到很厌烦？　　　（　）

　　A. 是的　　　　　B. 有一些　　　　C. 否

4. 你是否认为对于不听话的小孩要经常加以处罚？ （ ）

    A. 是的   B. 不确定   C. 否

5. 你是否认为只有勤奋的劳动者才应有高收入？ （ ）

    A. 是的   B. 不完全是   C. 否

6. 在饭馆吃饭，比你后来的人的菜已经上桌，你是否会大发雷霆？ （ ）

    A. 是的   B. 不确定   C. 否

7. 你是否可以接受一些与自己意见不同的人的看法？ （ ）

    A. 是的   B. 不确定   C. 否

8. 你是否认为一流的运动员就要保持最佳状态去参赛？ （ ）

    A. 是的   B. 不完全是   C. 否

9. 你是不是对最新流行的服饰都能够接受？ （ ）

    A. 是的   B. 不完全是   C. 否

10. 你是否对现在一些人养宠物存在一些看法？ （ ）

    A. 是的   B. 有一点   C. 否

11. 你是否认为老人不应该穿戴新潮的服饰？ （ ）

    A. 是的   B. 不完全是   C. 否

12. 自己计划出去游玩，你是否愿意去征求家人的意见？ （ ）

    A. 是的   B. 不确定   C. 否

13. 你是否认为说话过激的人是很难相处的？ （ ）

    A. 是的   B. 不一定   C. 否

14. 在会上，有与你持不同看法的人发言，你是否能够坦然

面对？　　　　　　　　　　　　　　　　　　（　）

　　　　A. 是的　　　　B. 不确定　　　　C. 否

15. 你是否对批评感到不愉快？　　　　　　　（　）

　　　　A. 是的　　　　B. 不完全是　　　　C. 否

测试答案，见下表，将各题得分相加，统计总分。

题号	A	B	C	题号	A	B	C
1	0	1	2	9	2	1	0
2	0	1	2	10	0	1	2
3	0	1	2	11	0	1	2
4	0	1	2	12	2	1	0
5	0	1	2	13	0	1	2
6	0	1	2	14	2	1	0
7	2	1	0	15	0	1	2
8	1	1	2				

你的总分_____

21分以上：说明你有很强的包容力。

10～20分：说明你的包容能力一般，可能在个别事上不太能容人。

9分以下：说明你的包容力较差。

包容力是指一个人能够接受不同的意见、见解和习惯、道德观等各方面的能力。包容力强的人，一般都有较深的见识和阅历，因此社会适应性较好。包容力弱的人，见识不够丰富，性格比较直率、偏激，因此社会适应性较差。

和气才能生财，不仅体现在商场，在很多领域，和气的性格都是成功的要素，更是职场中成功的关键。两个员工同样应聘，一个拉长着脸，不给人好脸色，另一个满脸和气，显然用人单位选择后者的可能性更大。可见，和气也是有含金量的，是能增值的。和气待人，宽容待人，同样是一种境界。当我们和气宽仁地对待所有人时，我们的身心也就愉悦了，心胸也就开阔了，工作中的人际关系自然和谐了。

缺少包容力，人际关系自然受到影响。据一项调查显示，有90%的员工被解雇不是因为工作能力低下，而是因为工作态度不端正、行为不当以及难以和他人建立良好的人际关系。

当然，包容力和建立良好的人际关系是一种能力，而这种能力是可以学习并通过实践不断加以强化的。

与上司建立良好的关系

要想在职场中生存，重中之重是要处理好与上司的关系。当然，这首先需要你有良好的工作表现，不仅是指你能把手头的工作做好，还需要你能积极主动地发现工作中存在的问题，并自觉地加以解决。如果没有良好的工作表现做基础而去学一些所谓的"搞好关系"的技巧，只能给人一种华而不实的感觉。因此，在求"术"的时候，一定有"道"做好铺垫。

下面一些方法会帮助你获得更佳的工作表现。

⊙ 建立信任关系

每一个良好关系的前提是信任，而信任不是一朝一夕能建立起来的，需要长期积累才能培养起来。俗话讲：路遥知马力，日久见人心。建立信任需要注意以下几点：

当上司面临压力的时候，要及时给予上司帮助和情感上的支持。

在平时的工作中，你能一直信守承诺，按时完成工作，总能保质保量完成任务，渐渐就会成为上司信赖的人。

当工作出现问题的时候，要坦诚地向上司说明情况。很多时候，上司因为公务缠身，下属不敢将坏消息与之沟通，从而造成工作上更大的问题。如果你是一位让上司满意的下属，你应该在报告困难的同时想好解决的方案，或者问题已经解决好了再去向上司汇报，这对他来说不会增加压力，而是帮助他释放压力。

⊙ 尊重上司的权威性

有些人觉得上司不如自己有智慧，办事不如自己灵敏，因此就觉得上司不如自己，这样难免会在言谈举止之间流露出对上司的不满，这种自大最终只能害了自己。"您作为我的领导，我想了解一下您对我的工作有什么更好的建议"，这种表达方式不仅不会让人感觉自己趋炎附势，相反可以表达对上司的尊重。

⊙ 建设性地表达不同意见

一味地迎合上司最终并不会赢得上司的尊重，如果你确认上司的想法有问题，要学会巧妙地表达，但前提是对情况有深入的了解。表达与上司不同的意见，切忌当众与上司对峙，这会让他处于十分尴尬的境地，一定不能使用冒犯的口气。"我基本上同意您的意见，但是我认为有个更好的建议，能否允许我说一下？""我同意您大部分的意见，但对于某方面的问题，您能否重新考虑一下，原因是……"能够表达不同的意见，上司更会尊重你的专业性和正直禀性。当然，这种表达还是有些风险，尤其是对于那些容易受挫败的上司来说，这种情况更要小心谨慎。

⊙ 小心推销自己的想法

向上司进谏改善和改进工作，是一个成熟下属的必备能力。做这样的进谏时也要注意不要让上司因为"问题"而心烦。一定要想好整体的表达方案才可以进行"提案"。不要和上司说一些自身还不太成熟的方案，那样只会浪费上司的时间。在与上司沟通前，自己一定先要想好问题在哪里、具体的改善方案，然后先用书面或者电子邮件的方式告知对方。最后问问上司能否对自己的建议做一些有益的修改，这样他就自然能涉足其中。

⊙ 谨慎发展与上司之间的关系

与上司之间到底该保持什么样的关系？亲密关系也许会让你们

之间的工作关系更为融洽，但是也容易导致角色混淆。如果你经常出入上司的办公室，大家就会质疑你在公平竞争中是否凭借上司而不是你本人的能力获得了该有的奖赏。比较折中的路线是在很多员工参加的活动中发展与上司的关系。与上司之间的关系到底要发展到什么程度是适合的，没有一定的答案，也有下属与上司最后成为伴侣的。因此，关系该到什么程度适合，只有当事人自己最清楚。

⊙ 上司也需要你的肯定

平时，往往是上司来肯定下属，而下属对上司的肯定也是有必要的，因为上司同样是人，是人都需要被尊重、被肯定。尤其是当上司不能得到其他人肯定的时候，你的积极认可就显得更为重要。肯定上司不是谄媚，而是基于对所有人的尊重，任何人都有低落的时候，很多事件中都能找到积极的东西。

你和上司的关系怎样？看看你和上司是否经常有如下行为，如果这些行为出现的频率比较高，那么你就越有可能受到上司的青睐。

1. 对上司表示友善。

2. 同意上司的主要观点。

3. 夸赞上司的穿着或容貌。

4. 主动提出帮助上司完成某项工作。

5. 为上司帮一些私人的小忙。

6. 对上司取得的成就表示欣赏。

7. 虽然不太同意上司的观点，但是表面上表示同意。

8. 在工作上帮上司一些忙，即使上司没要求你这么做。

有人觉得这些行为很像拍马屁，所以不愿接受。其实，真诚和谄媚之间的衡量办法就是，你一定是表里一致地去使用这些技巧，而不是违心的，否则不仅你自己，别人也能看得出你很别扭。

⊙ 从上司的角度看问题

人们观察问题时都习惯从自己的角度出发，只顾及自己的利益、愿望、情绪，一厢情愿地想当然，因此，常常很难了解他人，很难和别人沟通。与上司建立良好的人际关系的第一步就是尝试从他的角度看问题，这首先需要你了解他的个人风格和平常的处事方式。

有时候你可能觉得自己的一些建议和想法非常好，可是上司未必接纳，这时候也不必灰心。因为上司和团队成员的视角不同，掌握的信息也不一样。有时候上司会因为一些不能与下属说的理由而直接回绝你，这时候，你需要安慰自己：或许上司有他自己的理由，只是不方便说罢了。

⊙ 弄清楚上司的指令

有些人工作没有做好并不是工作能力不够，而是没有理解上司对自己的期望是什么。因此，一定要主动和上司沟通，因为上司有时候自己也未必能表达清楚。如果你努力了很久，却偏离了正确的方向，那岂不是冤枉？因此，在和上司沟通工作时，不仅要列出工作内容，还要列出工作目的。

有位资深的管理人员分享他的经验时说："我每次和上司讨论工作内容之前，都要加上一句'为了……'省略号部分由双方商讨后填写。这样，我就能对工作目标，以及上司对我的期望有全局性的清晰认识。"

与同事相处融洽

如今职场上的工作很多需要团队作战，即使你能力再高，身边没有人协助帮忙也难免枉然。同事之间关系融洽、和谐，人们就会感到心情愉快，有利于工作的顺利进行，从而也能促进自己事业的发展；反之，与同事的关系紧张，相互拆台，经常发生摩擦，就会影响正常的工作和生活，并且阻碍自己事业的正常发展。你想知道你和同事的关系如何，只要如实回答下面的问题，你与同事的人际关系就会一目了然。

以下描述句后面的分数，0代表从来或几乎没有，1代表偶尔或者有时有，2表示经常有，3表示总是这样。

1. 我总是愿意并且准备好与他人分享信息、工作设备或其他工作资源。0 1 2 3

2. 人们信任我。0 1 2 3

3. 我在给别人提建议时并不会表现出支配或控制别人。0 1 2 3

4. 我对于同事的工作以及获得的成就表示赞赏。0 1 2 3

5. 如果我必须批评某人的话，往往也是私下里进行。0 1 2 3

6. 即使我在沮丧的时候也不会脾气暴躁。0 1 2 3

7. 我诚实、公正，而且言行一致。0 1 2 3

8. 我对事不对人。0 1 2 3

9. 我总是想办法让办公室的气氛比较融洽。0 1 2 3

10. 虽然我很忙，但是当别人和我说话时，我总是先把手中的
事情放下。0 1 2 3

11. 我总是接纳新员工，并让他们觉得和在家里一样温暖。

    0 1 2 3

12. 只要有机会，我总是会帮助我的同事。0 1 2 3

13. 即使我不喜欢某个人，也能对他以礼相待。0 1 2 3

14. 我愿意帮助同事把工作做好，而且不需要回报。0 1 2 3

15. 我对同事的需要很感兴趣，但是不会干涉他们的私人生
活。0 1 2 3

16. 当别人帮助我的时候，我总会表示感谢。0 1 2 3

17. 当有人想要表达意见的时候，我是一个很好的倾听者。

    0 1 2 3

18. 我很真心地理解，并且遵守公司的政策或规定。0 1 2 3

19. 当我发现同事的工作负担过重时，会主动提出给予帮助。

    0 1 2 3

20. 与我共事的人说我是一个很好的团队成员。0 1 2 3

计分和解释：

50~60分，你与同事相处的技巧很好。

40~49分，你与同事的人际关系一般，你需要学习相关技巧以加强与他们的人际关系。

0~39分，你与同事的人际关系比较糟糕，别人不会把你当成友善合作的团队成员。你需要立刻改善与同事之间的关系。

下面的一些方法能有效改善你的人际关系：

⊙ 要多去帮助别人

你必须先在人情银行储蓄，然后才能索取丰厚的利息。在人情银行储蓄的方法就是多为别人做一些力所能及的事情，并且帮人帮到底，不要好事做一半，给别人造成很多麻烦。比如，你可以下班后帮同事做完他未能做完的工作，但是别让上司知道。

⊙ 传递正能量给同事

在工作场合中，有的人会让周围的人变得积极、热情，而有的人会影响别人变得倦怠和沮丧。如果你能够经常给予同事支持，能让别人鼓起勇气和热情，你往往会获得更好的人际关系。

⊙ 用请求而不是命令的方式去沟通

你与同事是平等的关系，在需要别人帮助的时候需要用请求的口吻，而不要使用命令的口吻。如果你说："你快来帮我一下，否则我的一上午工作就要白费了。"这明显就是命令。但是如果你换一种口吻说："我遇到一个难题，我想来想去，恐怕只有你有这个能力帮我，不知道你愿不愿意看一下？"

⊙ 成为同事良好的倾听者

建立良好关系有一个最简单的方法就是成为一个良好的倾听者。在工作之余，同事可能会向你倾诉各种问题，或者发泄各种抱怨。

做一个良好的倾听者首先需要你在沟通中表达同理心。表达同理心的一种有效办法是也使用信息发送者的用语特征。这样做，你就会让信息发送者感觉自己被理解和接受了。如果你拒绝使用信息发送者的用语特征，而是重新措辞，就可能激发起信息发送者的防御心理。比如你的同事和你谈起她的儿子，说的是小名："我家小宇……"而你再提起她的儿子时，你非要说她儿子的大名："你家白轩宇……"就会显得情感有隔离，不如你也顺带叫她儿子的小名显得亲切。

积极倾听的另一个关键是要观察对方表达的非语言部分。你可以从信息发送者的音调以及面部表情是否认真来判断其态度真诚与否。

释意的技术也是积极倾听的重要内容，即用自己的话重复对方的所说、所感和所指。例如同事和你抱怨上司："他一会儿让我干这，一会儿让我做那的。"你接下去说："他都把你弄糊涂了。"你的同事肯定会感觉被理解了，会充满感激地对你说："可不是

嘛！"之后你们的谈话就会令同事非常满意，对你的信任关系也会
很快建立。

做一个下属拥戴的领导者

作为领导者，是需要具备一些特质的，包括一些与管理有关的
行为和技能。你是一个受下属拥戴的领导者吗？那要看看你是否具
备以下的能力和行为。

⊙ 把握愿景和方向

作为一个领导者，是走在队伍前面的人。因此你必须为人们
指出正确的发展方向，指明未来团队的理想景象。就好比所有的人
都在一趟列车上，但是领导者要告诉大家，这是往哪个方向去的列
车，方向是由领导者设定的。如果不想往这个方向去，可以下车，
但是一旦选择了这趟列车，就要全情投入，绝不回头。作为领导者
就要有这样的指挥能力。

⊙ 值得信任

诚实、正直、可信，这是员工普遍觉得领导者需要具备的素
质，只有依靠这些品行，才能建立团队成员的信任。其身正，不令
而行；其身不正，虽令不从。对于下属来说，不是看领导者说了什
么，而是做了什么。一项调查发现，在所有的领导行为中，最为重

要的是领导者要表现出对他人的信任。一位有能力的领导者是值得
信任的，而且信任他人。

⊙ 能看到最重要的问题

领导者一定是博学且善于思考的，他一定能看到团队中最重
要的问题，然后提出问题。提出当下最尖锐的问题比直接给出答案
能起到更好的领导效果。问题越尖锐，越能促进整个团队的深入思
考，从而解决面临的问题。比如某运营总监对下属指出一个问题：
"我们产品的最核心部件只有一个供应商，如果这个供应商不能按
时交货怎么办？"

⊙ 与下属保持密切关系

经常与下属面对面交流的领导者比那些整天关着门独自在办公
室里忙的领导者更受员工的拥护。在电子沟通如此发达的今天，面
对面的交流显得更为重要，因为人们往往因为懒惰，即使在一个空
间里，也宁愿网上交流而不愿意坐在一起当面沟通，而有些沟通，
必须通过面对面的交流才能更为准确地捕捉到对方的信息。有一家
公司面临倒闭的危险，而作为首席执行官的一项重要的反击战就是
每天都到公司的餐厅里与员工共进午餐，在进餐过程中，他努力和
不同的员工咨询与工作有关的问题。最终，他的公司起死回生。这
个结果与他的这个面对面沟通的行为是不可分割的。

⊙ 压力之下依然淡定

一个自信而勇敢的领导者在压力面前往往是沉着冷静的。一个有能力的领导者往往具有情绪稳定的特点，这样才能帮助团队成员正确应对不确定的情况。只有领导者不论何时都能保持稳定的情绪，大家才会感觉有信心和希望，从而更加有效地完成工作任务。

⊙ 设立高目标，严格要求下属

战略制定好之后，要在执行上严格要求下属达到他们设定的高标准目标。当一位领导者相信下属能够完成任务的时候，这种信任会传播到下属那里，下属往往会努力达到上司给自己设定的目标。这种期待带来的巨大影响早已在心理学界得以印证，这就是大家熟悉的皮格马利翁效应。领导对下属要投入感情、希望和特别的诱导，使下属得以发挥自身的主动性、积极性和创造性。如领导在交办某一项任务时，不妨对下属说："我相信你一定能办好""你是会有办法的"……这样下属就会朝你期待的方向发展，人才也就在期待之中得以产生。如果一个人本身能力不是很高，但是经过激励后，就能得以最大限度地发挥。

⊙ 能够为下属提供积极的支持

领导者的情绪往往具有传染作用，一个脾气暴躁而又残忍无情的领导者会毒化所在的组织，以至于组织内的员工都无法发挥自己的才能。而一个积极向上、充满活力的领导者却能够鼓舞员工的士气，让他们勇敢地应对所面临的挑战。

⊙ 勇于承担责任和不良后果

当业绩下滑，面临糟糕的局面时，一位有效的管理者敢于站出来承担一切，即使这些后果是团队群体造成的，这表现了领导者所必需的大气胸怀。一旦你先把责任负起来，接着下属们就会集中精力来改变不利的局面。

有效应对麻烦的客户

在职场上，除了上司、同事和下属的基本关系外，我们还需要面对与自身工作有关的客户。在"客户就是上帝"的今天，如何与客户保持良好的关系，更是职场人士面临的棘手问题。对于经常与客户打交道的职场人士而言，如果不具备一定的心理素质和技巧，只是表面伪装微笑，迟早会精神错乱，压力重重。特别是对于从事销售工作的工作人员来说，这种情绪上的劳动尤为繁重，因为他们往往为了取悦客户会扮演内心抗拒的角色。

⊙ 一定先让客户倾诉

如果客户带着怒气而来，一定要先让对方把话说完，不要中间解释和打断。让对方把话说完，就是让对方把愤怒先宣泄掉，之后再沟通才有效。如果对方的情绪没有释放掉，你无论说什么对方都是听不进去的。

⊙ 把责任承揽过来

当面对愤怒的客户，除了等他把怒气平息，还要注意不要否定客户的观点，一定要表示认同客户的观点，先把责任承揽过来。假如客户怒气冲冲地说："都是你们的错，导致了我的损失。"你首先要对客户说对不起："是我们的错误导致了您的损失。我马上调查您所反映的问题。"

⊙ 不要把责任推给客户

不要把责任怪罪在客户身上。如果你一味地想推脱责任，那样做只会激发矛盾。如果你说："如果您自己沟通明白，就不会出现这样的问题。"这样的说辞只能让客户越发愤怒，从而使得问题的解决无限延期。

⊙ 有效安抚客户

使用一些有效的话来缓解客户的愤怒。比如："很抱歉，让您遇到了这样的问题。""我知道您遇到了问题，但这件事情必须得到解决。"

你是哪种人物，就有哪种压力

很多职场上的压力，其实源于自己的性格。如果自己感觉有压力，不妨对照以下几种职场性格来调整自己。

⊙ 讨好型

讨好型的人，凡事容易采取屈从的态度。就算别人侵犯了他们的权益，他们也会忍气吞声，不去表达自己的需要，不去维护自己的权益。可能原意是想维持良好关系，可是结果往往也面临与人结束关系的结果。其实，他们不去维护自己的权益，也许是因为害怕，想讨好别人，可是这样做会令别人也感到很不舒服。

讨好型人的减压办法是，要敢于表达自己的需要，敢于维护自己的权益，即使害怕，也要带着害怕去做。当然，也不要走向事情的另一极端，变成攻击别人，只要心平气和地、真诚地去谈，讨好型人具有谦让和气的特质，是可以化解矛盾、化干戈为玉帛的。

⊙ 攻击型

这种类型的人倾向于通过攻击的方式，把人推开，和人结束关系。他们从小的家教一般是严厉的，父母希望他们长大成为一个重要人物，一旦做不好就会受到责备。长大后，他们成为既谨小慎微又叛逆的人，常与人搞不好关系。这种人，其父母的严厉使他们想反抗，可是自己的道德观念又不允许反抗父母，于是他们会把生活中的权威当作父母一样来反抗，以发泄心中被父母压制的愤怒。他们长大后逐渐认同了父母的为人，也用攻击的方式来向别人表明他是重要的，是一个权威。

这样的人的减压办法是先了解自己的特点以及自己性格的形成原因，逐渐从过去走出来，这样才能处理好职场人际关系。

⊙ 超脱型

这样的人，就好像什么都与他无关，事事高高挂起，不很关心周围的世界。职场是需要适度的热情的，这样的人容易被别人理解为冷漠、不合群，甚至导致被疏远，无法处理正常的人际关系。

超脱型人的减压办法是，主动对他人敞开心扉，必要时要敢于表达自己的意见。

也许有人认为，屈从、超脱总可以暂时缓解矛盾，攻击也能保护自己的权益。但是，这三种处世方式都包含了人的防御机制，并不是人的真实自我。这三类人的内心充满了恐惧与自卑。根本的解决办法不是换一种防御机制，而是一步步加强与自己真实自我的紧密接触，体验自己真实的情感，并且更真实地去表达。

语言技巧在人际关系中的运用

只要存在人际关系，就需要通过语言沟通来搭建桥梁。如何学会与人沟通，如何"会说话"，这却不是一件简单的事情，而是一门技术。掌握以下几种沟通方式，将会直接升级你的沟通能力。

⊙ 学会复述

复述，就是内容重复的意思。它可以使对方觉得你在乎他说的话，你很准确地明白他的意思，同时使对方听清楚自己所说的话，以避免错误或者加强对方说话的肯定性。这种方法还可以含蓄地修正对方说话中的困境，如"我不会游泳"，你可复述说："你是说至今还未学会游泳？""至今"二字使对方的潜意识打开"未来大有可为"的可能性。另外，复述可以给自己一点时间去做出更好的构思或者回答。

⊙ 学会感性回应

感性回应就是把对方的话加上自己的感受再说出来，如对方说"吃早点对身体很重要"，你可回应说"吃饱肚子再干活才有劲"。

感性回应是把自己的感受提出来与对方分享。如对方接受，他也会与你分享他的感受。

⊙ 学会先跟后带

就是先附和对方的观点，然后才引导他去谈论你想探讨的话题。附和对方说话的技巧既可取同（把焦点放在对方话语中与你一致的部分），又可取异，还可以先接受对方全部的话，然后才表达自己的看法。

⊙ 学会隐喻

就是借用完全不同的背景和角色去含蓄地暗示一些你想表达的意思，如"我太软弱了，所以觉得事事不如意"，你可回答："你令我想到流水，流水很软弱，什么东西都能阻断流水，但流水总能无孔不入，最终达到它应到的地方。"有人说："这两项工作我都很喜欢，但的确不知道如何选择！"你回答："苹果和梨当然各有各的味道，你到底喜欢苹果还是梨，想清楚就不难选择了。"

现场案例

如何处理工作中的人际关系

面对职业的发展和工作中人际关系的困惑，小齐经过两个月的考虑，最终走进了心理咨询室。

小齐今年34岁，男性，研究生学历，已有八年的工作经历，两年前从研发部门调入综合办公室工作。

"自从进入综合办公室工作，就像进入了原始森林，只听到脚步声和低声的耳语声，这里的白昼静悄悄。"

"这对你有什么影响吗？"我问道。

"倒没什么影响，自己干自己的事，只是精神很差，每个人防御得很严，彼此很客气，没有生气。"

"你所希望的职场人际关系是什么？请你用五个形容词描述出来。"

小齐想了想在纸上写道："热情、谦让、有礼貌、真诚、善解人意。"我又递给小齐一张纸，请小齐写出现在办公室的人际关系现状："刻板、有礼貌、没生气。"

小齐接着说："最叫人生气的是，我有不明白的事去问这里的'老人'，他们支支吾吾的，好像是'教会了徒弟饿死了师傅'一样。我一片真心对待他们，那些人怎么都像防贼一样防着我呀！"

小齐举了一个填表的例子，有几项不明白的地方请教别人，并没有得到清晰的答复，结果上报的表格不合格。

小齐疑惑地问我："这样的环境怎么才能处好关系呢？"我并没有马上回答小齐这个问题，而是反问他："你刚才写的五个形容词，最想要的是哪一种情况？""最想要的是善解人意。"小齐不假思索地回答。

谈话中，小齐讲到27年前去少年宫报名想学舞蹈，可妈妈爸爸坚决反对，让他上不喜欢的书法课。

"那时候，我天天含着眼泪去学书法。"小齐说。"在你的记忆中，类似这样被拒绝的事还有吗？"小齐回忆了小学四年级，他与班主任关系很好，五年级换了一位班主任，之后就经常无缘无故地被批评。上初二时，班主任是个教语文的女老师，小齐喜欢写诗给这位班主任看，可班主任十分不耐烦地对他说："写什么诗，赶紧把精力放到学习上。"

⊙ 心灵解密

小齐在职场上的人际关系最大的问题是渴望得到别人的理解，这与他成长的经历有关系。少年宫报名被父母拒绝，小学、初中老师对小齐的批评，都让小齐体会到挫折和失败。家长和老师当时也没有发现小齐的感受，所以没有及时修复小齐的挫折和失败感觉。于是小齐带着这样的负性情绪在成长。小齐对环境越来越敏感，对自我评价越来越低。小时候不知道拒绝和批评的意义是什么，小齐只是体会到没有人喜欢和理解他，这种感觉被带到成年时，就会有被抛弃的感觉。小齐曾讲述："我是一个不被人爱的人，就像一个边缘的人一样。"

从客体关系理论讲，小齐内化了一个被拒绝、被抛弃的客体。他内化的这个内在客体，时时给他提供一个不真实的感受，即被拒绝。从认知疗法理论来讲，小齐有一个不被人爱、不会成功的图示，导致小齐对自我评价越来越低。

⊙ 解压密码

无论如何，小齐要自己解决自己的问题。首要问题是小齐要弄明白他需要的是什么。比如小齐最想要的是善解人意，到底是别人对小齐的理解，还是小齐对别人的理解？如果是小齐要求别人都能准确地理解自己，那么小齐自己要做出什么举动才能达到这个效果？其次，经过几次谈话，小齐已明白现在被抛弃的感觉还是几十年前的那种体验，多年前的体验还左右着现在的情绪，显然是不合理的。

经过几次咨询，小齐已轻松了很多，小齐越来越明白自己的问题所在。我建议小齐重新修改小时候的负性意象，用现在自己强大的意象代替当初负性意象，并想象现在的自己有能力去帮助父母和小学、中学老师，改正他们的不合理做法，并原谅他们。

另外，与小齐讨论建立良好的职场人际关系时建议他要做到倾听和理解他人，同时要培养自己其他的兴趣。因为，兴趣的培养在一定程度上能转移当前的苦闷心情。

小齐说："我明白了，我不能一味要求别人必须理解我，这是一种不合理、绝对的要求，我也要主动地理解别人呀！同时我还要发展其他的能力，这样就不会有现在的苦闷心情了。"小齐笑了，看到小齐向积极、正性方面转变，我也由衷地高兴。

 **解压茶点**

瞬间自信的方法

很多人就像案例中的小齐，由于负性的信念造成负性的情绪，从而很容易引发自卑。自卑与自信，并不是天生的，而是后天形成的。正是后天的许多观念形成了对一个人的影响，并变成了一种习惯，从而在无意识状态下指导着我们的行为方式。

下面（见表2）就是一些负性信念与正性信念的对比，大声把它们读出来，很快你就会增加对自己的了解，变得自信起来。

表2　负性信念与正性信念的对比

负性信念	正性信念
把你的需要放在别人的需要之前是自私的行为	有时你有权把自己放在第一位
犯错误是可耻的	你有权犯错误
如果多数人认为你的感觉不合理，你一定错了	你有权最终判断你的感觉，并认为它是对的
少发表意见，多听多学	你应该发表自己的看法
你应永远保持前后一致	你有权改变想法和行为
对你的安排必有其合理性	你有权反抗不公正待遇
你不应占用他人的时间	你有权寻求帮助和支持
别人不喜欢听你诉说痛苦	你有权表达痛苦
任何人的建议你都应认真对待	你有权不理睬别人的意见
成功人士其实不受欢迎	你有权因为学习或工作得到认可
你要尽量容忍别人	你有权说"不"
你所感受到的和所做的应该有合理的原因	你不必证明给别人看
你应该对别人的需要和愿望敏感	你有权不理睬别人的需要
推脱别人是不礼貌的	你有权选择推脱

现场案例

朋友为什么拒绝我

　　肖剑强30岁左右，深度眼镜架在鼻子上，看上去文弱，书卷气十足。

"我有一个心结，就是打不开，闷了半年了，心里非常难受。"

"谈谈是什么样的心结，使你心里难受。"我说完后，静静等着肖剑强倾诉。

"我在一家大型股份制物流公司做管理工作。大学毕业至今已有六年多了，从没有换过工作。我这个工作有一个特点，就是闲，主要是每周一统计，交给领导就算完成任务。闲也难受呀，我这么大的人了，还没有发展起来，也看不到职业前途，心里真是很着急。"

"去年同学聚会，碰到我的同学小周，他升任一家集团公司人力资源部经理，他主动要给我调动工作，到他们集团公司任职。后来我们又聚会几次，他都信誓旦旦，让我放心，工作准能办成。后来我找过他，他推脱不见我，我给他打手机，他一看是我的号码，手机就关机。这个人怎么这样呢？上学时我对他特别好，他的对象还是我妻子给介绍的，更何况调动工作是他主动提出的，再与他联系，他反而不理会我了，最起码也应该回应我一下，或给我个理由呀！"

"我今后真是不敢再谈调动工作的事了，这次受伤太深了。工作没调成，反而朋友也没了。"

⊙心灵解密

引起肖剑强内心痛苦的是小周答应给其调工作而又没有结果，小肖再联系小周问情况时，小周反而关机躲避的事实。

我们再深入分析便清楚地看到"调工作未果"与"内心痛苦"没有必然的联系，真正引起小肖内心痛苦根源，是"调工作未果"

的"想法"才引起小肖的内心痛苦，可以说内心痛苦是由"想法"引起的。

那么，是什么"想法"导致小肖的难过和沮丧呢？

第一，我不应该被拒绝，尤其是以这种不接电话的方式拒绝；

第二，我无法忍受小周对我的态度，他是轻视我；

第三，我永远也不会再谈调工作的事，以免再次受伤害。

由于肖剑强死抱着上述那些想法不放，因此不易克服自己的消极低沉的情绪，这是半年来小周内心苦恼的原因。

"我不应该被拒绝"是一种非理性的想法，而且具有"绝对化"的错误，这等于是在发布一道命令，规定"我"周围的环境和人必须按照"我"的命令行事，如违反了"我"的命令，"我"就会苦恼。其实我们任何人都没有这个能力，要让我们周围的环境依照自己的意愿行事。一个人只要实际一些，接受自己的能力限制就会把这类"应该"或"不应该"的绝对化想法抛之脑后。比如这样想："小周拒绝我是他的权利""小周也许另有苦衷"等。

"我无法忍受小周对我的态度！"小周是什么态度？肖剑强的解释是轻视自己。这是把自己的主观想象当作事实的不符合逻辑的推理。肖剑强并没有搞清小周不接听电话的原因，也并不知道小周所在公司有何变动，只是一味强调不接听自己的电话就是对自己的轻视。有了这样的推理，肖剑强的内心必定苦恼起来。

"我永远也不会再谈调动工作一事。"这是绝对化和两极化的想法，这种想法一旦受挫，马上会出现逃避的行为。其实肖剑强就是无法接受自己。他的这种低挫折容忍度会给他未来的职业生涯带来更大的影响，他应该克服害怕受挫的心理，树立自己有价值的信心，才能逐步走出内心的苦恼。

人是有语言的动物，所谓的想法借助语言而进行。人们若不断地用内化语言重复某种不合理的理念，就会导致无法排解的情绪困扰。

肖剑强首先应建立积极的内部语言，即"我是有能力的，可以结合自己的能力关注职业生涯的发展""小周也许有其他事情或在开会，他没接听电话情有可原""即便小周拒绝我也没关系，别人的拒绝不代表我的失败""挫折是难免的，逃避不是解决问题的办法"。

其次，记录生活、工作中出现的事件，记录对事件的解释，记录情绪和行为，查看哪些是合理的解释，哪些是不合理的解释，最终找一个合理的、乐观的、积极的解释来代替那个不合理的解释。

再次，盘点自我的能力，肯定自己的成绩，无条件接受自己，树立自信，把自己曾经成功的经验写下来贴在床头，把注意力转移到更积极的方面，每晚进行放松练习，早上坚持做早操。

最后，要做好职业生涯规划，要评估自我能力、特长，以及可调动的社会资源。综合考虑后再作决定，成功的可能性会大些。

经过反复练习合理思维模式，一旦更积极的思维内化到心中，肖剑强就能有快乐的体验，其身心就能健康地成长。

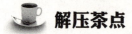 **解压茶点**

自我暴露有助于加深亲密程度

不论在工作中，还是生活中，谁都希望别人喜欢自己，每个人内心深处都有对爱的需要。虽然人人都渴望爱与被爱，但是身处于职场，与各式各样的人打交道，怎么样才能促进彼此的关系呢？

经常有人抱怨自己人际关系不好，感到很孤独，其原因并不是这个人不好，而是他把自己的想法和感觉封闭起来，不愿意与人交流。

有的人在办公室里总是滔滔不绝，看似社交能力很强。他们通晓国家大事、体育新闻、明星逸事，可从来不会表明自己的态度。而当你将话题引向略带私密性的问题的时候，他就会赶紧转移话题。可见，一个健谈的人，也可能对自身的敏感问题有很强的抵触心理。

但是，一些不善言谈的人，却总是能在与人交往时袒露自己的心声，让人感觉非常真诚，这样的人反而能很快与人拉近距离。

有句古话说得好：人之相识，贵在相知；人之相知，贵在知心。要想在职场中有良好的关系，就有必要向对方表露自己的真实感情和真实想法，向别人讲心里话，坦率地表白自己，陈述自己和推销自己。

当自己处于明处，对方处于暗处，你一定不会感觉舒服和安全。自己表露了感情，对方却讳莫如深，不与你交心，你一定不会对他产生亲切感，甚至是刻意要保持一定的距离，让自己对他有所疏远。但是假如一个人先向你表白了内心深处的感受，你会感到对方很信任你，想和你有深一步的情感沟通，就会一下子拉近你们之间的距离。

"自我暴露"给人以真诚之感，据心理学家研究发现，在众多的个人品质中，"真诚"是最令人喜欢的品质。

一个真诚的人，未必话多，甚至可能从外表看有点木讷，但是他的知心朋友却很多，当他有困难的时候，总有人主动来帮忙。有的人看似朋友很多，吃饭喝酒身边总不会缺人，但是他未必有什么知心的朋友。这样的人习惯于做表面功夫，交朋友又多又快，但是情感都不深入。对方都很清楚地感觉到自己是出于对方需要，而非情感，因此，这个人的情感世界还是孤独的。

美国社会心理学家西迪尼·朱亚德通过一系列实践得出了一个结论：适度的自我暴露会增加别人对自己的喜欢程度。现在很多人在写博客，有时候还主动在QQ和MSN上向朋友推送自己所写的内容，这都是一种自我暴露，这样无形之中会给自己增加很多影响力和好感。

当人们与自我暴露水平较高的个体交往时，最可能进行较多的自我暴露。如朋友聊天时，朋友讲出心底秘密的同时，我们也愿意做出同等的回报。

自我暴露与对方的赞同程度紧密相连。在得到对方的赞同时，我们的自我暴露就多，反之则少。

自我暴露也与喜欢紧密相连。人们喜欢那些与自己有相同自我暴露水平的人。如果某人的自我暴露比我们暴露自己时更为详细深入，我们就会因为害怕过早地进入亲密领域而产生焦虑。

但是，自我暴露也要注意适度。一个从不暴露自己的人不可能与他人建立起密切的关系，但是，一个总是向别人喋喋不休地谈论自己的人，会被他人看作是自我中心主义者。

自我暴露的程度是由浅入深的，必须缓慢到相当温和的程度，缓慢到足以使双方都不致感到惊讶的速度。如果过早地涉及太多的个人亲密关系，反而会引起忧虑和自卫行为，扩大双方之间的距离。在面对不太了解的人之前，可以先交流一些生活中并不私密的情感，从而既给人亲切之感，又不让自己处于不安全的境地。理想的自我暴露是对少数亲密的朋友做较多的自我暴露，而对一般朋友和其他人做中等程度的暴露。

自我暴露还要注意适当。像祥林嫂那样总是喋喋不休谈论自己的事情的人，刚开始还能得到别人的认可和同情，但是时间长了，就会遭到厌烦。因此，过多的自我暴露往往还会产生适得其反的结果；同样，自我暴露过少也不能拥有友谊。

有些人不敢进行自我暴露无非是因为有以下几种典型的心态：认为自己必须给人留下好印象，以赢得他们的尊敬和喜爱，而暴露了自己的缺点和问题会给别人留下不良印象；恐惧、焦虑等情绪都是不好的，不能让别人看出来；害怕自己当众出丑，相信万一出丑，别人会拿你的事当作笑料；认为别人并不喜欢真实的你，一旦别人发现真实的你，就会觉得自己懦弱无能，自己成了众矢之的，大家都对你议论纷纷……

以上这些心态，相信很多人际关系不良的人会有所感触。那么，如何克服呢？

有人担心自我暴露会损害自己的名誉，或被人嘲笑，以致更加被看不起。实际上，他们的这种看法是毫无道理的，但现实又很难使他们在短时间内改变，此时可以与朋友玩一个角色扮演的游戏。让朋友来扮演你，而你扮演嘲笑别人的人。请你的朋友自由作答，这样做的结果是，你会越来越发现你的朋友没有什么可嘲笑的，而你作为嘲笑者则显得很无聊。这种方法能够使你逐步认识到，"自我暴露"有时并不会遭受别人的嘲笑。

如果能大胆地直接面对忧虑，也能有效缓解焦虑情绪。如在公众场合直接向大家暴露自己的弱点。这样做的好处是能够使你很清楚地看到，你的那些焦虑在旁人看来是多么微不足道，而你则把它看得那么严重。

 **现场案例**

谁能理解我

"同事太不了解我了，他们觉得我很'冷'，其实我不是那样的人，但他们谁也不听我的解释。唉！心里好郁闷。"小韦是一家著名的IT企业的业务骨干，但在每年年终的员工评价表上，小伟的得分总是最低。

我对小韦说："你说你不是那样的人，那你是怎样的人呢？"

"我工作努力，肯钻研，经常有新点子、新创意得到老板的认可，但我周围的同事并不认可我。我觉得他们有意躲着我，比如前几天发奖金，晚上大家一起吃饭、喝酒，然后去唱歌，他们全体对我保密。"

"老板对你是什么态度？"我问。

"老板倒经常表扬我，可到关键时刻就把我忘了。"

"什么是关键时刻呢？""比如，升职、加薪的时候，老板反而考虑的是不如我的人。"经过深入了解，我发现小韦不苟言笑，坚持主见。

当我谈到工作合作的情况时，小伟说："我基本上对同事的设计方案是否定的，因为他们的方案中没有考虑后续跟进的因素，当然，我在这方面和同事沟通少。我认为，老板采用我的方案就OK了，同事们协助我就可以了。"

"你只管分派设计任务，不管任务的反馈，比如你否定了别人的设计方案，并没有告诉对方原因。"

"是的，老板知道就行了，剩下的工作是大家一起干活了，完成我的设计方案的全部工作，当然，这其中要经过我的考核和指导。"

我在与小韦的对话中发现，小伟很睿智和自信，从他的眼神中透出一股盛气凌人的高傲。

⊙ 心灵解密

　　小韦的问题出现是因为没有充分地认识自我。小韦认为自己的
业务能力强，就是职场中的一切，别人所谓的"能力低"就要听从
自己的指挥，同时又要求同事们理解自己，让同事们知道"我是你
们的好同事"。

　　小韦对同事的判断和对自己的估计违背了客观的事实，他只关
注自己的业务能力，对自己能力一旦认定，就不再去检讨自己的人
际关系问题了。老板既然认可小韦，为什么一到升职提薪的时候却
抛弃小韦呢，这是小韦苦苦思索也不得其解的问题。其实一个人的
业务能力不代表个体的全部，业务能力突出，人际关系很差，如果
这样的"尖子"被提拔任用，将会影响团队的凝聚力。任何一位老
板考虑提拔员工时，都要全面考虑一个人的综合素质，尤其注意考
察员工的职业道德和人际的亲和力。

　　小伟的观念中存在这样一个偏见——"职场上以能力论高
低"，于是他恃能逞强，没有把其他同事放在眼中。职场上的优良
生态环境，要靠大家去营造，其中既有聪明才智的体现，又有和谐
人际关系的营造。

　　职场的组合是不同人的组合，有着各种各样的欲望和利益期
待，能调和人群中的差异需求和利益的预期，宽容尊重每位同事，
正所谓"世事洞明皆学问，人情练达即文章"。做到这种境界就是
和职场中的所有人一起"玩"，"玩"出快乐与理解。

⊙ 解压之药

职场不是一个人"玩"的，要学会与大家一起"玩"。要与大家一起"玩"得好，就要换一个角度看问题，看到同事的优点，向同事学习。不能总拿自己的优势与别人的劣势去比较，这样的比较永远看不到自己哪里需要改进，也永远停留在不停地抱怨当中，搞得心情很糟糕。

职场中的人际关系不同于家庭关系、亲戚关系、朋友关系，职场中的人际关系错综复杂，大多与利益挂钩。小韦内心想要的东西也是同事想要的。恰当地给予即能得到回报，这也符合人际关系中的互惠原理。小韦一味地不给同事任何机会，小韦实现愿望可能性的阻力就会越来越大。学会与同事分享利益，会得到双倍利益的返还。

老板是团队的核心，任何人都愿意和老板接近，接近的目的一是利益，二是有受重视的感觉。当某一个员工与老板接近到亲密无间时，就产生了问题，这个问题就是会得到其他员工的猜忌及攻击。小韦要注意与老板保持一个合适的亲密度，工作的成绩不仅要得到老板的认可，也要得到同事的认可，赢得老板与同事的喜爱，是小韦今后努力的方向。

小韦要学会为别人做事，别人设计完方案，不要立马封杀，要仔细耐心地帮同事修正、完善，直到老板认可同事的方案。帮助同事搬开阻碍能力提升的绊脚石，实际上是为自己职场的成功铺路。

小韦从同事那里看到的"自己"与自己认识的自己有差距，找出这些差距，明确了职业发展方向对小韦来说是一种成长。把"挫折"看成机遇，是一种积极的心态，这种心态能增加心理上的积极收益。这就是小韦把自己变成职场"达人"的心理资本。

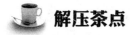 **解压茶点**

如何迅速拉近关系

不知道你有没有注意到，在一些社交场合，经常会有这样的声音："听你口音是不是某某地方的人啊？……哈，我也是呀！"或者"某某地方，我也去过，我曾经……"再或者"像我们这个年龄阶段的人，都……"

寻找与对方相似的方面，很容易拉近彼此的距离，出生地、年龄、性别、就读过的学校、工作过的单位和行业、所处的社会地位以及面临的人生阶段等，都可以让我们找到共同点，只要你能找出与彼此的共同点，就不愁对方对你没好感。

于是，找到相同点的人很容易聚集在一起形成自己的圈子，所谓"物以类聚，人以群分"，说的就是这个现象。交往双方相似点越多，那么彼此的吸引力就越强，就越能促进双方关系的发展。

美国心理学家纽科姆（Newcomb,1961）曾在密执安大学做过一个实验，实验对象是17名大学生。实验证明了人都喜欢和自己相似的人做朋友。他们先是做了一系列的调查,然后把一部分特征相似的大学生安排在一起居住,把另一部分特征相异的大学生也安排在一起居住。一段时间后发现,特征相似的大学生大多彼此接受和喜欢,进而成为好朋友。而特征相异的那些学生尽管朝夕相处,但依然很难建立起友谊。

这些成为好朋友的大学生都有一些共同的地方,如兴趣爱好、宗教信仰、对社会时事的看法也比较一致,因此很容易沟通,感情也更融洽,因此彼此之间的戒备和隔膜很少,有利于深入交往,而那些特质相异的大学生,因为害怕受到伤害,戒备心理和防范意识很强,彼此缺少共同的语言,因此很难成为好朋友。心理学家的进一步研究还发现,只要对方和自己的态度相似,哪怕在其他方面有缺陷,同样也会对自己产生很大的吸引力。

相似性往往让人们产生容易接受对方的心理,警惕心和抵触心理也比较弱。人们对于那些在价值观、兴趣、信念等与自己相同或相似的人,都是比较容易接受的。心理学家通过调查发现,同年龄、同性别、同学历和有相同经历的人更容易相处,行为动机、立场观点、处世态度和追求目标一致的人也更容易相互扶持。

和与自己相似的人在一起,就很容易找到共同的语言,相互争辩的机会比较少,更容易获得彼此的支持,获得一种内心的稳定感。同时,相似的人组成的团体,能更好地应对来自其他群体的阻力和压力,因此,人们倾向于和与自己相似的人在一起,也体现了人们的一种自我防御心理——既害怕遭到反对和伤害,又寻求认同和帮助。

 **现场案例**

老板反复无常　我将何去何从

　　小曹，男性，今年30岁，是一家民营企业的技术负责人，因为换了新老板，小曹一时适应不了，与新老板产生了矛盾，有了辞职的念头。经过咨询，小曹思想有了新认识，行为有了新变化。

　　"我现在的处境太艰难了，老板情绪反复无常，根本没法与他处好关系。""谈谈你的困惑，我们想办法共同解决问题。"我示意小曹坐下，慢慢谈。

　　"我工作单位是中等规模的民营企业，我负责产品外观设计，前几年挺顺利，后来老板的弟弟当了我们的老板，他整日板着面孔指手画脚。前一段我认为很得意的一项设计作品，被新老板否定，他另请设计师来设计，打样出来后，同事们都说不如我设计得好，只有他一人不承认，最后定稿将要投入生产时，还是使用了我的设计。新老板是个自以为是的人，整日要求和指责，我的神经快要崩溃了。另外，新老板找我们研究工作，定完的事，我们已准备好了，他说变就变了，弄得我们措手不及。我找他谈工作，不知说什么，说浅了不是，说深了也不是，现在索性不说话了。不知是我性格与新老板不同，还是对事情的看法不同，总之找不到共同点。现在觉得工作特别乏味，没意思。"

　　我认真仔细地听着并询问："你与原先老板的关系如何？""很

好，以前的老板挺信任我，我俩对问题的看法也差不多。""你能把两位老板的不同之处写下来吗？"我详细研究了小曹所写的前后两位老板的不同之处，其中主要是新老板学历高、有思想、多疑、自以为是、想当然等。我问小曹："假如新老板对你的工作指手画脚，提出想当然的看法，你如何回应？现在咱们俩可以把这种情境演练出来。"角色扮演中，我发现小曹用很快的速度为自己辩护，并声称这不是自己的错。我问小曹："前任老板也如此对你，你是如何回应的？"小曹说："没关系了，我稍作解释他就明白了。"小曹的问题是职场中人际关系的适应问题，尤其是上行沟通环节在困惑着小曹。

⊙ 心灵解密

每个人心中都有三种自我状态：父母、成人、孩子。个体与他人互动时要灵活转变自我状态，才能与互动的一方保持一致和谐。

小曹用孩子的自我状态与包容的父母状态与前任的老板互动，不会出现任何问题。前任老板的接纳与欣赏使小曹被认可被尊重的情感得到满足。现在新老板与小曹年龄相仿，学历相似，小曹在与之沟通时需要转换自我状态，用成人自我，即理智的、分析的状态与新老板互动沟通，才能继续发展关系。

然而小曹是用旧的互动模式，显然不能适应新的人际关系。小曹的认知方面有些偏差，如"我设计的东西，老板不能再让别人设计"，这是一个绝对化思维，小曹不能限制老板的决定。

小曹还有一种猜测心理，看不惯新老板自以为是的样子，把老板的要求统统解释为指责。如果把猜测的东西当成事实的话，小曹的关注点都是与猜测有关的负性一面，积极一面就视而不见了。

小曹还有一个问题，外归因的方式堵住了自我觉察的通路，出现问题都是别人的错，拒绝审视自己的缺点，哪里还谈得上进步呢？

⊙ 解压之药

1. 学会沟通，沟通从理解开始。民营老板不容易，要体谅他们的难处，站在他们的角度考虑问题。在这个基础上与老板沟通才是顺畅的。沟通过程是讨论而不是争论，针对问题取得共识而不是推过揽功；学会忍耐批评，幽默调节。

2. 不要把老板理想化，老板是人，不是完人。他有各种各样的缺点，也有许多长处，员工与老板相处，要真诚服从领导，又要学习老板的长处。

3. 不要期待平等。即便老板过去是你的同学，现在也不是平等的关系。要注意人际边界，说话行为有分寸。

4. 调整心理需求及满足方式。首先，确定心理需求的内容，确定成就、收入、地位、人际关系等方面的依次重要程度。其次，考察用何种方式才能达到心理的满足。如成就是你重要的心理需要，满足的方式必须建立良好的人际关系才能得到大家的认可，而你有能力做到这一点，你就会主动地改善关系，以达到你期待的结果。

5. 完善自己的个性，学会建设性地处理好人际关系。要仔细查找是否有危害人际关系的个性品质，如敏感多疑、孤僻、好嫉妒等性格特点，如有这些个性品质要注意改进，逐渐完善自己的个性。另外，出现人际矛盾要客观地具体地描述冲突，寻找解决的方法并对所有方法逐一评价，直到找到对双方都有益的最佳办法再实施。

 **解压茶点**

走出虚假的"别人关注"

上街的时候，你是否为了穿哪件衣服而选择了太长的时间？要参加聚会，你是否为自己脸上突然生出的青春痘惴惴不安而考虑是否放弃？

用一句通俗的话讲，有时候，我们太把自己当回事儿了，在我们心中，自己最重要，有时候就会顺带认为自己也是别人的中心，并且直觉地高估别人对我们的注意度。实际上，注意到我们的人要比我们认为的少很多。

心理学家基洛维奇做了一个实验，他们让康奈尔大学的学生穿上某名牌T恤，然后进入教室，穿T恤的学生事先估计会有大约一半的同学注意到他的T恤。但是，最后的结果却让人意想不到，只有23%的人注意到了这一点。

这个实验说明，我们总认为别人对我们会倍加注意，但实际上并非如此。由此可见，我们对自我的感觉的确占据了我们世界的重要位置，我们往往会不自觉地放大别人对我们的关注程度，而且通过自我的专注，我们会高估自己的突出程度。

而那些患有社交恐惧症的人，则会猜测有更多人注意到他们，因为社交恐惧者对别人的关注会更在意，会更倾向于认为别人会注意到他们，这使得社交恐惧者感到不幸、孤独。他们过度地关注自己，整天在想自己在他人和社会中表现如何，很少会真正地注意他人的表现如何。

由于每个社交恐惧者会高度注意自己的表现，也就不容易发现别人也存在类似问题，甚至即使发现，他也不会去意识到对方是社交恐惧者，他会认为对方是正常人，那只是偶尔的非正常表现而已。而对于自己，因为自己是社交恐惧者，自己在紧张状态下的口吃就一定是不正常的。

人都是以自我为中心的，并误以为别人也这样看待自己，这是心理学中所公认的一个事实。这也是人类的普遍心理。

如果对自己过分关注，就总觉得自己是人们视线的焦点，自己的一举一动都受着监控，这样就会容易让人产生社交恐惧。但是研究发现，我们所受的折磨别人不太可能会注意到，还可能很快会忘记。其实，别人并没有像我们自己这样注意我们。因此，正确理解焦点效应有助于社交恐惧的消除。

当觉得别人在注视你的时候，其实注视你的人只有你自己。从现在开始，放弃"我是公众人物"的错觉吧！每个人都是各自人生的主人公，每个人都会为了自己的人生而努力生活，没有太多精力去顾及别人。

当我们不必那么在意别人的目光，就不会把太多的精力投资到外在的形式上面，就会增多为了内在的成熟而投资的能量。如果过于在意别人，这等于在浪费人生，浪费生命。所以从现在开始，成为自己的"粉丝"吧，这样你才能更好地为自己而活。

 现场案例

"同学"也需要沟通

一位企业高管李先生满脸愁容地对我说："我工作已经12年了，近两年可郁闷了。"

李先生说到这里，我心中暗想是不是职业倦怠呀，于是我按照自己的思路与李先生聊了起来："工作郁闷的原因是什么？你认为工作的压力在哪里？家庭生活、夫妻关系怎样？"

对话过程中我发现李先生工作郁闷是由人际关系造成的，于是我调整了思路继续与李先生对话。李先生情绪平静后，讲起了他的故事："我是名牌大学毕业生，毕业后经一位高中同学介绍，进入了这家企业，三年后升为中层，六年后升任分支机构副总经理。我们是家大型企业，扩张很快，在全国有20多家分支机构。介绍我来的高中同学是分支机构的副总，我们原是同学，现在形同路人，工作之间他从来不配合，还煽动部分中层负责人给我的工作设置障碍。"李先生一边说一边摇着头,唉声叹气。

我鼓励他把工作分成几个阶段来说,如工作前三年的适应发展的情况,五年后的职业发展情况,如今的业务能力与情感认知情况,这样便于理清思路。

"同学介绍我进入这家公司后,我适应很快,因为我的英语很好,能用英文说、写、算,复杂的账目也能处理。入职第三年升为部门经理,领导八个人,上上下下的领导对我的工作都很认可,我那同学对我也可以,可当我升为分支机构副总分管业务后,我同学分管行政,他对我的态度发生了变化。"

"我办什么事,需要他来配合时,他总是说出一大堆理由来拒绝,有时候不冷不热的态度也叫人不好琢磨。我到其他部门办事,原先中层干部有说有笑,现在一见到我都躲躲闪闪的。我听到不止一个人告诉我,我同学经常在同事们面前说我的坏话,我现在工作很难开展,自信心也没有了,情绪也低落了。"

"你们由原来的同学、好朋友,发展为现在的'陌生人'的转变,谁要承担更多的责任呢?"

"很难说,谁都有责任,公司内部的人际环境很压抑,每人都包裹得很严实。"经过必要的人格及其他心理量表测量发现,李先生除了抑郁分数略高外,其他指标一切正常。

⊙ 心灵解密

企业是从事生产、流通、服务等经济活动,以生产或服务满足社会需要,实行自主经营的营利性经济组织。企业重视经济增长,也要重视员工的心理健康，所以组织内的心理环境是企业文化建设的重要环节。员工个体所能感受到的外部环境中的全部信息，经过个体内心的认知加工就能形成个体的心理环境。李先生感受的企业人文环境是"压抑""人与人之间的不信任"，导致李先生郁闷情绪的产生。

从企业组织讲，建设一个和谐的人文环境和积极的组织文化，能调动员工个体对企业的认同感，提高内部动机，激发成就动机，有助于提高企业的非财务性收入。

从员工个体讲，真诚、接纳、沟通，有助于良性的社会人际支持系统的建立，提高个体的自尊和归属感。遗憾的是，李先生与同事沟通中得知，因为李先生的被提拔导致"同学"没有主管业务工作，"同学"认为李先生抢走了他应该得到的位子。李先生"同学"对事件的结果采取了外归因的态度，想当然认为责任在于李先生，李先生就是自己晋升的障碍，于是在工作上处处为难李先生。

⊙ 解压之药

第一，从个体角度讲，李先生首先要与"同学"主动沟通，沟通时注意场合和说话的时机。

第二，要制订目标，确定自己在企业的人际关系中想要什么，再根据自己的总目标制订具体目标，另外要知道自己主要担心什么，一旦找到自己最大的问题所在，再问自己：

1. 对于"同学"的问题，最佳的解决途径是什么？

2. 怎样才能立刻化解这些问题或烦恼？

3. 解决这个问题，最便捷的方法是什么？

第三，如果不能很好地相处，工作处于被动的时候，主动与上级沟通，请求调走一方。

从组织角度讲，引进EAP（员工帮助计划），进行动机管理，请有关专家讲授心理健康课程，使每位员工清楚地知道自己需求的合理性（尤其是李先生的同学），学会怎样与人相处，怎样合理表达自己的诉求，怎么缓解自己的压力。

一个成功的企业不仅仅要看有多少赢利，更重要的是，有一个积极、健康、向上的心理环境，使每位员工都能投身到企业发展上来，创设一个使人心情舒畅的环境，使心理资本发挥最大效益。

 **解压茶点**

认识自我的技术——周哈里之窗

我们通常感叹：为什么别人都不理解我呢？在问这个问题之前，你是否可以想想：你理解自己吗？你对自己有充分的认知吗？如果你都不了解自己，又让别人如何了解你呢？

心理学家鲁夫特和英格汉提出了一个"周哈里之窗"的模型，来说明一个人对自己的了解情况。"窗"是指一个人的心就像一扇窗，普通的窗户分成四个部分，人的心理也是如此。

"周哈里之窗"根据我们对自己的了解、不了解和别人对我们的了解和不了解，将对一个人的认知分成开放我、盲目我、隐藏我、未知我，如图2所示。

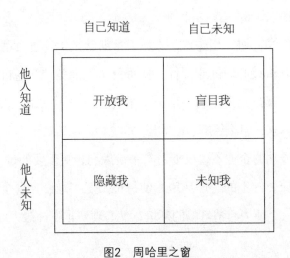

图2　周哈里之窗

左上角那一扇称为"开放我"，这个部分指的是我们自己知道，别人也知道的部分，比如我们的相貌、身高、体重，以及某些属于公开性的统计资料，比如学历、性别、籍贯等，还包括一些个性成分。"开放我"的大小取决于自我心灵开放的程度、个性张扬的力度、人际交往的广度、他人的关注度、开放信息的利害关系等。"开放我"是自我最基本的信息，也是了解自我、评价自我的基本依据。

右上角的那一扇窗称为"盲目我"，这个部分指的是我们自己不知道，而别人了解的部分。例如我们自己的一些习惯动作、口头禅等习惯性的东西，我们平时自己并不觉察，直到有人告诉我们。"盲目我"的大小与一个人的自我觉察能力有关，有些人具有内省特质，他的"盲目我"则可能比较小一点。熟悉并指出"盲目我"的他者，往往也是关爱你的人，欣赏你的人，信任你的人（虽然也可能是最挑剔你的人）。所以，我们要学会用心聆听，重视他人的回馈，不固执，不过早下结论；学会感恩，是他们帮助自己拨开迷雾见青天。

左下角那一扇窗称为"隐藏我"，这个部分指的是我们自己知道，而别人不知道的部分。与"盲目我"正好相反，就是我们常说的隐私、个人秘密，留在心底，不愿意或不能让别人知道的事实或心理。比如一些童年往事、痛苦辛酸的经验、身体上的隐疾等，这些东西我们可能不愿意让别人知道，而成为"隐藏我"。相对来说，心理承受能力强的人，隐忍的人，自闭的人，自卑的人，胆怯的人，虚荣或虚伪的人，"隐藏我"会更多一些。适度的内敛和自我隐藏，给自我保留一个私密的心灵空间，避去外界的干扰，是正常的心理需要。没有任何隐私的人，就像住在透明房间里，缺乏自在感与安全感。

右下角那一扇窗称为"未知我"，这个部分指的是我们自己不知道而别人也不知道的部分，属于处女地领域。这是自己和别人都不知道的部分，有待挖掘和发现。通常是指一些潜在能力或特性，比如一个人经过训练或学习后，可能获得的知识与技能，或者在特定的机会里展示出来的才干。比如我们如果没有某种因缘际会的经验，可能从来不知道自己是一个演讲专家或者一个好的演员，艾森豪威尔如果没有在"二战"时被派往欧洲战场做指挥，也许他永远不知道自己是个好的将军。

周哈里之窗的提出，目的是希望帮助人们更好地了解自己，清楚地掌握自己的四个部分，并且找到改变自我的方法。

通过对自我坦诚，我们能够更深入地了解"隐藏我"。通过对别人开放自我，可以帮助我们发展出更理想、更统一的自我人格，见图3。

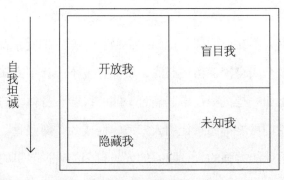

图3　周哈里之窗

通过自我坦诚，我们常能引发别人的回馈，进而有助于减少"盲目我"的部分。当我们从别人那里得到某些回馈的时候，我们会更了解自己，在这种人际主动关系下，我们的友谊快速增长，我们会越来越愿意对我们的朋友述说自己的"隐藏我"，于是，一个彼此分享、彼此信任的关系网就展开了，见图4。

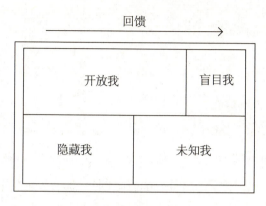

图4　周哈里之窗

通过自我坦诚和回馈的综合作用，我们可以逐渐地缩小"盲目我"和"掩藏我"，使得"开放我"更加广阔，我们变得更加透明，更加容易被别人接受，我们的行为也有了很好的依靠标准，见图5。

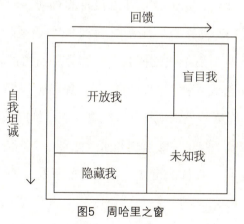

图5　周哈里之窗

那么，该如何缩小"未知我"的部分呢？可以从下面几个方法入手：

⊙ 多体验新事物

很多时候，人不处于某种情境下，是不知道自己有何种能力的。好比有句流行的话说的那样：你不逼自己一下，你就不知道你自己有多优秀。多接触不同的环境，多尝试不同的行为，我们才能更加了解自己和开发自己的能力。对陌生的事情，我们总有一种天生的恐惧感，不要让这种恐惧感限制我们的行动。当你恐惧的时候，你就想想：我们从出生开始，所有的知识，不都是通过尝试获得的吗？我们对世界了解得如此之少，我们对自我了解得如此之少，不去尝试，我们怎么知道那些未知的东西呢？

⊙ 借由自我观察获得对自己的了解

从一出生开始，我们就是通过自身的行动引发对周围环境的反馈来构建我们的世界的。渐渐地，我们的价值观、行为模式形成了。但是，这种自发形成的模式非常盲目，有可能仅仅是一次别人的反馈，而造成了我们的特定信念，并影响到相关的行为。比如，一个儿童在兴致勃勃地帮助妈妈洗衣服，她以为开水能杀死细菌，于是往衣服上浇了一暖瓶的开水。如果一个心情不好的母亲，也许会让孩子得到这样的反馈：A."你在干什么啊！简直在搞破坏！" B. 把衣服洗坏了，让妈妈更加辛苦。C. 以后任何家务不要做了，否则越帮越忙。如果母亲情绪不好，反应激烈，就会在缺乏正确判断力的儿童心里埋下"洗衣服不对"的概念，并导致未来拒绝一切洗衣服的工作，甚至拒绝所有的家务。

对于我们每个人的思维来说，必然有一些这样特定的反馈导致的特定的价值观存在。作为成年人，有了相当的判断能力，通过自我观察，仔细思考，逐渐增加新的了解，改变那些过去通过特定渠道获得的特定的单一的价值观和做事模式，对个人的人格完善有着重要的作用。

⊙ 通过不断觉察获得顿悟

我们每个人，既是自己生命的演员，也是导演。如果我们在生活中演绎自我的时候，又能跳出来，作为一个观察者的角色来对自己的行为、情绪、思考过程进行观察，就能逐渐了解真正的自我。当对自我行为产生了一定的认识之后，便会形成一个顿悟——一个相对完整的自我形象就诞生了，见图6。

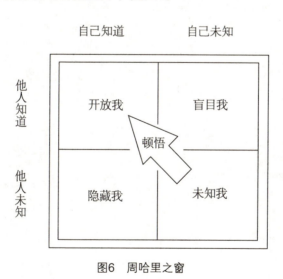

图6　周哈里之窗

"周哈里之窗"提供了一个了解自我的方法，它需要我们按照这个方法去操作，去思考才会有效。

　　了解自我的方法是多种多样的，"周哈里之窗"是了解自己的一种方法，我们还可以通过心理学、人类学、管理学、哲学等专门学科了解自我；我们还可以通过实践中的经验、反馈来了解自我。通过多种渠道，我们会逐渐看到真正的自己，看到我们自己的思考方式、判断问题的方式、价值观等内在的、深层的指引我们行动的种种思维。通过改变这些内在的、深层的思维和信念系统，我们可以逐渐重新构建一个更加完美的个体。

第 *4* 章

推开性格缺陷的
压力之门

性格初了解

所谓性格就是指一个人的个性，也可以指一个人的整体精神面貌，即具有一定倾向性的心理特征的总和，是一个人共性中所凸显出的一部分。

人在孩提时代由于生存环境和家庭教养方式等原因，并与自己的神经生理特点相互作用，形成了各种不同的自我保护方式，以使自己能感觉良好地安然面对世界。

在我们的成长过程中，这些自我保护方式不断得到强化，成为我们理解世界的方式，进而逐渐塑造了不同类型的性格，并成为该类型人格面对世界的最根本的驱动力和原动力。

尽管我们每个人都是独一无二的个体，每个人都是由遗传特点及成长经历决定的，可是我们依然可以发现人群中有些人有一些共同的特点，另一些人可能有另外一些共同的特点。性格类型没有好坏之分，每一种性格都是上天赐予的，都平等地存在，每一种类型的人都各自有其优势、缺点。

一个人的基本性格不会改变，即使在现实生活中，因为某些因素而产生了种种变化，使你的基本人格类型可能有某部分的隐藏或调整，也不会发生真正的改变。虽然人的基本性格类型不会改变，但是某一类型的典型描述，却不见得全然符合某一个人。因为人们为了顺应成长环境、社会文化，在安定或压力的状况下，可能会出现一些差异。

在职场生活中，由于性格的不同，也会产生不同的压力。因此，我们有必要对自己和他人的性格有一定的了解。当我们了解了自己也对对面的人有了一定的把握，工作也就更具有效率。

人格类型非常测试

下面，就让我们放下顾虑，进入心灵之旅，轻松进入下面的测验吧！

测试步骤：

一、阅读以下40个命题，将符合您个人情况的命题标出。（注意：不要在一个问题上拖延太久，根据自己的第一反应或第一印象作出判断即可；不符合您个人情况的命题不需要标出）

二、将符合您个人情况的命题进行同类合并。（具体方法：分别将您标出的所有M、S、C、P后的数字相加，并将相加后的分数分别填写在测试表下面对应字母的空白处。）

S—1. 人们说我非常友好。

M—2. 我只有几个朋友，但我们的关系非常密切。

C—3. 我是天生的领导者。

P—4. 我节省，不乱花钱。

S—5.　我享受生活。

M—6.　我喜欢每个细节都完美。

M—7.　我情绪不定，常在早上起床后不知今天会是什么情绪。

M—8.　我发觉自己很容易批评人与事。

C—9.　我容易生气。

P—10.　我难以做出决定。

P—11.　事情很少能使我生气与不安。

S—12.　和一群人在一起时，我喜欢讲生动的故事。

S—13.　有人说我不太靠得住。

M—14.　我很自律。

C—15.　有人说我冷漠无情。

C—16.　我果断。

P—17.　我幽默风趣。

P—18.　我喜欢闲庭漫步或无所事事。

S—19.　我不是很有组织纪律性。

P—20.　我更喜欢旁观而不是参与。

C—21.　我发现自己难以宽恕别人。

C—22.　我在短时间内能做许多事情。

S—23.　有人说只要有我的场合就会热闹。

M—24.　我容易忧郁和悲观。

P—25.　我做什么事都不是特别的积极主动。

P—26.　我非常有耐心。

S—27.　我爱说话。

M—28. 我实在不喜欢大的聚会，只愿意与几个亲密的朋友在一起。

S—29. 我是个热情的人。

C—30. 有人说我是一个非常勇敢的冒险者。

C—31. 我对事情有清楚的看法。

P—32. 我喜欢睡觉。

C—33. 我喜欢掌控局势与事态。

M—34. 我不擅长交朋友。

M—35. 我非常喜欢艺术，因为艺术能反映我的心灵追求。

S—36. 我爱几乎每一个人。

C—37. 我非常自信。

M—38. 我常感觉别人不喜欢我。

S—39. 我花钱很大方。

P—40. 我常感到很累。

S（乐天型或活泼型）——　　　　C（急躁型或力量型）——

M（忧郁型或完美型）——　　　　P（冷静型或平和型）——

心理学从人格角度，一般将人分为两大类，即外向的人和内向的人。这两大类还各有两种不同的表现方式。这样，我们通常就将人分为四种类型性格，即外向S和C，内向M和P。

一般情况下，在任何一个人群中，这四种类型的人都会存在。没有好坏之分，每一种类型都是有价值的。每种人格类型都各有强势（优点）和弱势（缺点）。

对人格类型的了解，有助于我们了解自己，同时理解别人，使我们在生活中与人沟通相对容易。

S：乐天型（活泼型）

日常表现：洗澡时常唱歌；一句话结束时喜欢用惊叹号；爱主动寻找朋友，似乎每个人都是他们的朋友；喜欢与人在一起，喜欢张罗聚会的活动；常失去重点和原计划要做的事；常常丢钥匙等。

优势：有能力给人带来希望与快乐；个性活泼、积极、很少悲观失望；非常有同情心、善良热情；充满点子，有创造性。

缺点：有时不愿接受管教；有时会承诺一些做不到的事；常表现得夸张；对事情有很多观点并急于表达，表现有时太爱说话，会打断别人；脑子里充满新奇想法，有的脱离现实。

C：急躁型（力量型）

日常表现：中世纪时代，"急躁"一词来自愤怒，C类的人是日常表现比较易怒的人，但假如他们对人或事有所预备，也很自制。这类人只要开始做一件事，就会投入地努力工作，把事情做成。所以，他们常被称为"事情的实现者"。

优势：无所畏惧；精确；天生的领袖和问题解决者，值得依赖；能够投入精力做事；有远见，有魄力。

缺点：很容易被激怒，易指责别人，好做别人的老板；通常情感迟钝，很容易将焦点聚集于工作而不注重必要的感情；他们有一定的预见能力，但有时固执己见，对外界信息不在意。

M：忧郁型（完美型）

日常表现：过去这个词是悲伤、阴沉的代名词，但是现在这个词慢慢发生改变，有沉思、思考的意思。这种类型的人，日常表现为一个"沉思者"或"思考者"，喜欢有自己的时间，他们有很强烈的情感体验，但是，表现出来的恰恰相反。大多数文化人和艺术家都是这种类型的人。

优势：很有洞察力，敏感，尽责，是个追求完美的人；待人友好、忠实可靠、自我牺牲；日常表现安静，有音乐、绘画或其他艺术领域的天分；在工作方面，他们保证工作质量，保证事情按正确的方向运作。

缺点：遇到困难或问题易情绪化或消沉；不善交际；有时过于敏感和过于焦虑。

P：冷静型（和平型）

日常表现：是平静的、似乎没有感情色彩的人；这类人较难被激励去做事；他们生活得比较放松，表现得与世无争；有时干巴巴讲笑话，常说："没事，让生命就这样过去！"

优势：非常好的外交家，有矛盾发生时，他们是最好的协调者和解决者；实际、独立、很有耐心；易与人打交道，能很快与各种各样的人建立关系，并包容与自己不同的人。

缺点：有时被人称为冷漠，有时比较懒散，不像是生活的参与者，而像是生活的旁观者；不喜欢竞争，不喜欢决定自己的生活。

对人格类型的分析

乐天型和急躁型的人是外向型的人。由于他们能量向外，常充当改变外界的人；他们是行动者和改造者；他们的生活目标是跨越挫折和引导成功。在人际方面，他们是能被激励，也能给人带来激励的人。

忧郁型和冷静型的人是内向型的人。由于他们能量向内，常充当反映外界的人；他们是观察者和思考者；他们的生活目标是观察世界而不是改造世界；在人际方面，他们是矛盾的协调者。

在了解了自己和别人的性格类型后，请不要将身边的人贴上标签，或者拿自己的性格类型当借口，或者是研究别人会有什么行为表现。因为每一种类型的人都有朝健康或不健康方向发展的趋势，而产生不同的变化。

性格"生病"了

当一个人的性格出现病态的反应时，我们说这个人已经形成了人格障碍。那么，人格障碍是怎么产生的呢？

社会因素在人格障碍的形成上占有极为重要的地位。儿童的大脑发育未成熟，有较大可塑性，强烈的精神刺激会给儿童的个性发育带来严重影响，不合理教养可导致人格的病态发展，缺乏家庭正确教养或父母的爱是发生人格障碍的重要原因。健康的社会是避免发生精神破裂的屏障，恶劣的社会风气和不合理的社会制度均可影响儿童的身心健康，与人格障碍的发生有一定关系。

父母对子女的遗弃、虐待、专制、忽视、溺爱和放纵可以影响子女的人格发育，导致人格障碍。

幼年失去母爱或父母死亡或遭受其他精神创伤也可影响儿童的个性的发育。

人格障碍表现在生活和工作中有很多种类型，一般来说，有如下几种：

偏执型人格障碍：以猜疑和偏执为主要特点。表现出普遍性猜疑，不信任或者怀疑他人忠诚，过分警惕与防卫；强烈地意识到自己的重要性，有将周围发生的事件解释为"阴谋"、不符合现实的先占观念；过分自负，认为自己正确，将挫折和失败归咎于他人；容易产生病理性嫉妒；对挫折和拒绝特别敏感，不能谅解别人，长期耿耿于怀，常与人发生争执或沉湎于诉讼，人际关系不良。

分裂型人格障碍：以观念、外貌和行为奇特，人际关系有明显缺陷和情感冷淡为主要特点。对喜事缺乏愉快感，对人冷淡，对生活缺乏热情和兴趣，孤独怪僻，缺少知音，我行我素，很少与人来往，因此也较少与人发生冲突。

冲动型人格障碍：又称暴发型或攻击型的人格障碍。以行为和情绪具有明显的冲动性为主要特点。发作没有先兆，不考虑后果，不能自控，易与他人发生冲突。发作之后能认识不对，间歇期一般表现正常。

强迫型人格障碍：以要求严格和完美为主要特点。希望遵循一种他所熟悉的常规，认为万无一失，无法适应新的变更。缺乏想象，不会利用时机，做事过分谨慎与刻板，事先反复计划，事后反复检查，不厌其烦。犹豫不决、优柔寡断也是其特点之一。

表演型人格障碍：以高度的自我中心、过分情感化和用夸张的言语和行为吸引注意为主要特点。情感浮浅，易受暗示。

悖德型人格障碍：又称反社会型人格障碍，以行为不符合社会规范为主要特点。这种人感情冷淡，对人缺乏同情，漠不关心，缺乏正常的人与人之间的关爱；易激惹，常发生冲动行为；即使给别人造成痛苦，也很少感到内疚，缺乏罪恶感。因此常发生不负责任的行为，甚至是违法乱纪的行为，虽屡受惩罚，也不易接受教训，屡教不改。临床表现的核心是缺乏自我控制能力。

自恋型人格障碍：这种人自以为了不起，平时好出风头，喜欢别人的注意和称赞。好"拔尖"，只注意自己的权利而不愿尽自己的义务。他们从不考虑别人的利益，要求旁人都得按照他们的意志去做，不择手段地占人家的便宜，而不考虑对自己的名声有何影响。这种人缺乏同情心，理解不了别人的感情。

被动攻击型人格障碍：这种人惯于隐藏内心的愤懑和仇恨。对分配给他们的事情，当面答应，唯唯诺诺，心里却在想方设法拖拉敷衍，常常找借口故意把事情搞糟。

个性贯穿着人的一生，影响着人的一生。正是人的个性倾向性中所包含的需要、动机和理想、信念、世界观，指引着人生的方向、人生的目标和人生的道路；正是人的个性特征中所包含的气质、性格、兴趣和能力，影响和决定着人生的风貌、人生的事业和人生的命运。

性格中的动力系统：情绪

情绪情感是性格中的动力系统。在性格适应环境和性格发展的过程中又要注意情绪的管理。

情绪反应主要包括四个层面

当我们在生活中受到某种刺激时，就会形成一系列的情绪反应，主要包括以下四个层面：

首先是生理反应。当我们在生活中体验某种情绪时，就会有一些生理反应产生，如心跳加快、呼吸急促、血管收缩或扩张、肌肉紧绷，还有内分泌的变化等。然而不同情绪产生的生理反应可能是类似的，如紧张、生气时会心跳加快，兴奋时也同样会心跳加快，所以单靠生理反应还是无法判断到底引发了何种情绪。

二是心理反应，即个体的主观心理感受，如愉快、平静、不安、紧张、厌恶、憎恨、嫉妒等感受。

三是认知反应，即个体对于引发情绪的事件或刺激情境所作的解释和判断。如你看到别人不时直视你的眼神，可能觉得别人对你有意思，所以心生愉悦；你也可能觉得别人不怀好意，所以变得紧张不安。

四是行为反应，个体因情绪而表现出来的外显行为，包括语言与非语言的，如面部表情、姿态形体等体态、行为，或者用言语直接表达自己的感受或心境。

⊙ 情绪的功能

为什么我们会有情绪？情绪对你有什么用处？回忆一下你每天的生活，并设想一下如果你无法体验到或理解情绪的话，生活将会多么迥然不同，这将有助于你回答这些问题。让我们来看看研究者指出的情绪在日常生活中的作用。

49岁的伯尼·马库斯通过多年勤勤恳恳、兢兢业业的工作坐到了职业经理人的位置上。再有11年，他就可以安安稳稳地拿到退休金了。这一天，他像往常一样，拎着心爱的公文包去公司上班，可他万万没有想到，刚到单位就挨了当头一棒。

"你被解雇了。""为什么？我犯了什么错？"他惊讶地问。"不，你没有过错，公司发展不景气，董事长决定裁员，仅此而已。"

突如其来的变故让伯尼·马库斯万分沮丧。

有一天，伯尼·马库斯遇到了自己的老朋友——同样受到解雇的亚瑟·布兰克。他们俩互相安慰，以期寻找解决的办法。"为什么我们不自己创办一家公司呢？"这个念头像火苗一样，点燃了他们压抑在心中的激情和梦想。于是，他们策划建立新的家具仓储公司，制定出了"拥有最低价格、最优选择、最好服务"的制胜理念和使这一理念得以成功的一套管理制度，然后就开始着手创办企业。

20年后，原本名不见经传的小公司已发展成为拥有775家店、15万名员工、年销售额300亿美元的世界500强企业，它就是闻名全球的美国家居仓储公司，成为全球零售业发展史上的一个奇迹。

奇迹始于20年前的一句话：你被解雇了！

面对同样的事件，有人可能选择沉沦、怨天尤人，也有人选择了像故事中的伯尼·马库斯一样的奋起。伯尼·马库斯如果情绪上没有遭受这样沉入谷底的糟糕事件，也就没有了绝处逢生的坚韧信心。因此，即便是负面的情绪，也是一种巨大的能量。

坏情绪同样助你成长

走进心理咨询室来咨询的来访者，都带着严重的负面情绪。他们都迫切地希望心理咨询师能够帮助他们"消灭"这些不好的情绪，使之快乐起来。但是，他们不知道，这些情绪本身也能给人带来成长的力量。

后悔、愤怒、悲伤、焦虑、恐惧等种种不良的情绪，是我们人生中难免要品尝的滋味。多数人将这些情绪视为洪水猛兽，或起码视为心理健康的敌人。因此，当有了这些坏情绪时，往往第一反应是摆脱、逃避。但是，假如你坦然接受了这些，也不去与之抗拒，你就会发现，原来这些看似不良的东西一样会给你的人生带来养料。

每种负面情绪其实都给人一份推动力，推动我们去做出行动。这种推动力或者是指出了一个方向，也可能是给予了一分力量，有的几乎是两者兼备。

愤怒，是一种高能量的情绪，可以被用来帮助我们做出反应并采取行动，可使我们克服那些本来不可逾越的障碍和困难。它经常和我们不喜欢的情况联系在一起，它为我们提供能量，使我们对这些障碍和困难做出反应。

后悔，它在提醒我们，要找一个更有效果的做法，同时让我们更明确内心的价值观排序。

恐惧，也是一种高能量的情绪，恐惧可以提高神经系统的灵敏度，并能使意识性增强，这对我们提高对潜在问题的警觉性有很大帮助。

惭愧，提醒我们一件表面上已经完结的事，但还需要我们再采取行动使之变得真正的完整。

内疚，这是一种与自身的评价系统连在一起的情绪，如果我们没有其他方式评估与价值有关的行为的话，内疚就可以限制我们的行动选择范围。因此，如果出现了这种情绪，我们可以找更富有建设性的评估方式来取代内疚。

左右为难，鱼和熊掌都想兼得，这提醒我们内心的价值观的排位尚未清晰明确。

悲伤，这是一种能促进深沉思考的反应，能让我们更好地从失去中取得智慧，更让我们珍惜目前拥有的。

……

既然问题不是情绪本身，就要看你是如何去拓展你情绪上的选择空间了，也就是情绪的运用能力。如果你感到在情绪上没有选择的余地，那么，负面情绪会占上风，它将主宰你的思想以及行动。当你有了情绪上的运用能力，你就能对这些情绪产生新的想法并赋予它们新的价值。

要统领性格就要管理好自己的情绪

有人说：最大的敌人就是自己。为什么这样呢？这就是因为缺乏对自己情绪的了解和管理。我们认为，良好的情绪管理能力是以下四种能力的"系统整合"。

⊙ 提高对情绪的识别能力

情绪管理的第一步就是能先察觉我们的情绪，随时随地都清楚地知道自己处于怎样的情绪状态，也就是总与自己的感觉在一起。不管你处在何种负面情绪中，先接受自己真正的情绪。例如，当你因客户迟到一个小时而对他冷言冷语时，问问自己："我现在有什么感觉？"冷言冷语背后的情绪是生气。只有当我们认清自己的情绪，知道现在的感受时，才有机会掌握情绪，才能对自己的情绪负责，而不会被情绪所左右。

由于情绪本身的复杂多变，我们所直接感受或表现出来的可能是已经包装或伪装的情绪，如以生气的方式来掩藏内心受伤的感觉等，所以我们要学习分化并辨识我们真正感受到的情绪，而不是被表面情绪所局限，反而忽略了自己真正的需求或感受。再以客户约会迟到的例子来看，你之所以生气是因为他的行为让你感觉对方不够尊重你，在这种情况下，你可以婉转地告诉他："你这么久没到，我有种不被尊重的愤怒感觉。"试着把"愤怒"的感觉传达给对方，让他了解他的迟到带给你什么感受。我们常常认为别人"应该"知道自己的感受，不需要向他人表达自己的真实情绪，所以往往乱发脾气，或冷漠相对，或一味指责，影响和谐关系。而事实上，没有人会读心术。

有时，我们心中意念纷扰，情绪五味杂陈，整个人心烦意乱，这时觉察和辨识可以中断情绪，避免自己再沉浸在持续恶化的情绪中，帮助我们将注意力集中在自己内心，所以有安定情绪的作用。因而觉察和辨识不仅有助于我们冷静，了解发生了什么事，弄清事情的来龙去脉，而且能够更清楚地自我了解，更敏锐地察觉环境的实际状况。譬如，有时候我们只能粗略地感受到不舒服、不愉快，至于因为什么"不舒服"，却说不出来，这时候我们就需要进一步探索情绪，试着问自己："是什么让我感到不舒服？"这"不舒服"是愤怒、悲伤、挫折、害怕、羞耻还是罪恶感？如果是接近愤怒的感觉，是不平、不满、生气还是有敌意？如果是羞耻那一类的情绪，是觉得愧疚、尴尬、懊悔还是耻辱？这样一步步引导自己，就可以将原本模糊、笼统的情绪，分化成比较具体、明确的情绪，从而才能进一步利用情绪所带来的线索加以应对。

⊙ 加深对情绪的理解力

认识"负面"情绪的正面价值和意义，因而可以在"我好""你好""世界好"的"三赢"基础上运用它，去达到更高的成功和快乐。这是使负面情绪总有"正面情绪"的性质。当我们每个人都可能遇到的不幸降临在一个悲观者身上时，悲观者对此的反应方式是抑郁："我是多么的不幸和倒霉""这完全是我的错，它将损害我所做的一切"。这种反应是习惯性的和自动的，反映了一种在塑造个人的生活中发挥着重要作用的思考模式。

当同样的不幸降落在一个反应方式是尽量减少挫折感和表现感的人身上时："这一切终将过去，在生活中还有很多值得我们去追求的东西。"这种反应方式能让乐观者身处逆境而不抑郁。不同的解释风格，反映了"你心目中的世界"是肯定的还是否定的、积极的还是消极的。

首先，必须要有一个健康的情绪调控理念。情绪并无好坏之分，它只是症状而已，只是告诉我们，人生里有些事情出现了，需要我们去处理。所有人都希望每天过得开心、惬意，不希望有恐惧和悲伤的时刻，而这些人类不希望出现的情绪，便被称为负面情绪。每种情绪都有其意义和价值，负面情绪也是如此。它不是给我们指引一个方向，就是给我们一分力量，这些都是一份推动力。愤怒的力量可以改变一个我们不能够接受的情况，痛苦则会指引我们离开威胁或伤害。明白了这一点，就不要再盲目地抗拒内心的情绪，而可以运用这些情绪的价值和意义，也可以分析需要改变的"情况"和"威胁"是什么了。

其次，调控情绪并不是意味着强行压抑自己的负面情绪。人们往往对情绪有一个错觉：认为情绪是非理性的，所以一个理性成熟的人不应该表现出自己的情绪，拼命告诫自己要理性、要控制情绪。强行压抑自己的情绪，硬要做到"喜怒不形于色"，把自己弄得表情呆板、情绪淡漠，这不是情绪成熟，而是情绪的退化，也不是正常人所应有的状况，而是一种病态表现，会给人的身心健康带来危害。

情绪中有一些成分是可以被意志所控制的，如声调、表情、动作的变化、泪液的分泌等。我们把这些成分称为情绪的"可控制成分"。但是，人们却很难控制诸如心脏活动、血压等情绪生长成分。这些器官的活动随着情绪的变化而变化，却不服从人们主观意志的控制，实际上是"不可控制的成分"。可见，人们常说的所谓控制情绪，仅仅是一种外部表情的控制，情绪活动给人带来一系列的内在变化，谁也控制不了，那些表面上看来似乎控制住情绪的人，实际上却使情绪更多地进入体内，从而更加危害自己。因此，我们要正确对待"负面情绪"，不要一味地强调用所谓"正面情绪"去取而代之，否则我们会失去接触内心真实情感的能力而变得"麻木不仁"。我们能做且应该做的，就是在情绪来临时去觉察自己的情绪，辨识自己真正的需要和感受，并恰当表达情绪，而不是"沉溺"于负面情绪中。

⊙ 提升对情绪的运用力

通常我们以为愤怒、生气、忧郁的原因是外在的境况引发的。20世纪50年代发展起来的合理情绪疗法理论却认为，情绪并非直接源自外在的诱发事件，而应该归因于个体对于这件事的观念和想法。这就是说，人们并不是被事物所烦恼，而是被自己看待事物的方式所烦恼，引发情绪的原因主要是自己的信念系统。

心理学家艾利斯通过研究发现，如果人们能够调控他们的思考模式，也就能调节他们如何感觉和如何行为。假如，你正在耐心地排队等候公共汽车，这时，突然有个人猛地从后面推了你一把。你会有怎样的感觉？如果你认为这个人是有意推你，那么，你很可能会感到很气恼，甚至是愤怒。假设你转过身来看看是怎么回事时，只见那个推你的人戴着墨镜，手里拄着一根拐杖向前探着路。你那时的感觉又是如何呢？如果你认为那是个盲人，你可能对你最初的愤怒感到很尴尬。现在假定每个人都上了汽车，你把这个人领到了座位上，可他摘下墨镜，开始读报，此刻你的感觉又如何？

我们对世界上所发生的事情的反应，直接建立在我们对事情如何思考、如何认知的基础上。当你的认知变化时，你的情绪也会发生变化。这是艾利斯在提出"合理情绪心理疗法"的基础上得出的一个基本观点。人们可以通过改变他们不合理的、不合逻辑的思考方式，向这些信念提出挑战，并代之以明晰的、理智的思考模式，来清除那些不断反复，使人们的情绪失调、行为失当的不合理逻辑的信念，同时改换正确的信念，并最终达到对影响个人生活哲学各方面的基本调整。

生活并不是沿着人们的设想而运行的，它自有其运行方式。然而，我们对事件的反应方式会比事件本身更能指引和影响事件发展的方向。

⊙ 锻炼对淤塞情绪的摆脱力

台湾作家罗兰在《罗兰小语》中写道："情绪的波动对有些人

可以发挥积极的作用，那是由于他们会在适当的时候发泄，也在适当的时候控制，不使它泛滥而淹没了别人，也不任它们淤塞而使自己崩溃。"情绪的摆脱力就是以合适的方式疏解情绪的能力。只有学会将这些情绪予以疏解，才能使人感到心灵的自由和新生。

有意识地把自己的情绪转移，非常有助于改变情绪。如有的人在盛怒时拼命干活，或者做运动；当产生消极的情绪时，就去逛街、听音乐、娱乐来分散注意力，用时间上的推移来淡化内心的烦恼，用积极的情绪来抵消消极的情绪；身心松弛法则通过对身体各部分主要肌肉的系统放松练习，抑制那些伴随紧张而产生的生理反应，从而减轻心理上的压力和紧张焦虑的情绪；在处于负面情绪的压力之中时，赶快寻找可以帮助你、可以跟你聊一聊的社会支持，这是很重要的。如向知心好友诉苦一番，或找父母、老师、专业辅导人员谈一谈，这些都是很好的社会支持，具有缓和、抚慰、稳定情绪的作用，至少可以阻止你做出不该发生的憾事。

疏解情绪有一个很重要的目的，就是在于给自己一个理清想法的机会，让自己好过一些，也让自己更有能量去面对未来。如果疏解情绪的方式只是暂时逃避痛苦，而后需要去承受更多的痛苦，这便不是一个合适的方式。有了不舒服的感觉，要勇敢面对，仔细想想，为什么这么难过、生气？自己可以怎么做？怎样减少自己的不愉快？这么做会不会带来更大的伤害？根据这几个角度去选择适合自己且能有效疏解情绪的方式，你就能够管理情绪，做自己情绪的主人。

爱算计的人压力大

爱算计，爱斤斤计较，总是担心利益得失的人，都是心理压力大，而且不容易幸福的人，甚至是多病和短命的人。他们90%以上患有心理疾病。这些人感觉痛苦的时间和深度也比不善于算计的人多了许多倍。

美国心理专家威廉通过多年的研究，以铁的事实证明，凡是对利益太能算计的人，实际上都是很不幸的人。他根据多年的实践，得出结论：凡是对金钱利益太过于算计的人，都是活得相当辛苦的人。

⊙ 这样的人容易焦虑

太能算计的人，通常也是一个事事计较的人。无论他表面上多么大方，内心深处都不会坦然。而一个内心经常失去平静的人，一般都会引起较严重的焦虑症。一个常处在焦虑状态中的人，如何谈及快乐？

⊙ 这样的人容易内心冲突

爱算计的人在生活中很难得到平衡和满足，反而会由于过多的算计而引起对人对事的不满和愤恨，常与别人闹意见，分歧不断，内心充满了冲突，这么多的负面情绪怎么能够让人高兴得起来？

⊙ 这样的人忧患重重

爱算计的人，心胸常被堵塞，每天只能生活在具体的事务中不能自拔。太多的算计埋在心里，如此积累便是忧患。忧患中的人怎么会有好日子过？

⊙ 这样的人不能轻松生活

太能算计的人容易贪心，过分的欲望让他们太想得到。而太想得到的人，很难轻松地生活，往往还因为过分算计引来祸患，平添无数麻烦。内心烦恼重重，生活如何轻松？

⊙ 这样的人总活在阴暗面里

太能算计的人，必然是一个经常注重阴暗面的人。他总在发现问题、发现错误、处处担心、事事设防，内心总是灰色的。总生活在阴暗面里的人，如何能过阳光的生活呢？

如果每一天的每一分、每一秒均过得难过、沮丧、不平、生气及忧愁，这一辈子就是"黑暗"，如果我们能调整、管理好自己的情绪，影响自己性格的改变，就有充满彩色的美好的人生。既然爱算计的人生活得如此难过，那么怎么样改变自己，过上阳光快乐的生活呢？

暂且不要说过上阳光快乐的生活，就说改变，其实很难。当一个人习惯了一种思维模式，要改变起来会很别扭，但是，当你意识到改变的必要性——改变能让你更快乐地生活，能够避免短寿，避免给你的家人和所有爱你的人带来痛苦，你愿意不愿意改变？

有一句话说得好："所谓愚昧，就是用同样的方法做同样的事，却期待不同的结果。"因此我们面对忧虑、压力，除了要有改变的意愿，更要有改变的行动，如此才能改变斤斤计较的个性，扫除焦虑、抑郁，创造我们所要的结果，进而拥有全新的生活。切记：行为决定习惯——习惯决定性格——性格决定命运。

让我们一起来改变自己吧！

⊙ 改变对事物的态度

有一句话说得好：人的任何东西都可以被拿走，但有一个例外——人最后的自由，在任何环境中选择自己态度的自由。我们没有办法阻止事情发生，但我们可以决定这件事带给我们的意义。你可以选择是"这是个问题"，也可选择"这是个机会"，你的定义就是你的结果。

《汤姆·索亚历险记》中的小汤姆因为淘气而受罚，奶奶让他去粉刷村子里最大的一面墙。在小汤姆刷墙的时候，在一旁玩的小朋友讥笑他因为受惩罚才干这个活儿。汤姆说："才不是呢！我奶奶说了，刷墙是技术活，只有我才有这个能力干，你想刷还没这个资格呢！"于是，这个小朋友好奇心大增，恳求小汤姆让他刷墙，并且把自己的苹果做交换来换取刷墙的资格。一个玩弹弓的小朋友也跑来想刷墙，小汤姆不让，后来这个小朋友也用弹弓换取刷墙的资格。于是，汤姆一边吃苹果一边玩弹弓，就把奶奶安排的活儿干完了。这就是改变对事物态度的力量。

⊙ 改变人物画面

专家研究发现，人的头脑对数字、文字很难记忆，但对画面却是历久弥新，很难忘怀。你为什么过得不快乐？是因为你的脑海中有不愉快的画面。

因此，如何修改脑中画面，创造活力，就是决定我们幸福人生的关键。迪士尼乐园有许多卡通人物，其中最受大家喜爱的是米老鼠，华特·迪士尼把人们最讨厌的老鼠借由画面转换，成为人们欢乐的象征，你也可以。

⊙ 改变对己的看法

不知道你是否有经验：当他人说你好，但你认为自己不好时，结果一定是自己依旧不好，你可能还怪人家虚伪谄媚；当他人说你不好，但你认为好，结果永远是好，你只是感觉别人还不能理解你而已。这就印证你对自己的看法决定你的人生品质。

有人写了一首寓意深远的诗，让我们洞察到对自己的看法与别人对自己看法的关系，让我们看到自己的真正价值。让我们一起来欣赏这首诗：

当你觉得全世界都对不起你，
别人看见的就是刺猬般的你。
当你觉得天使们都停在你的肩膀上，
别人看见的就是光芒万丈的你！

122

当你觉得沮丧失落、能量低迷，

别人看见的就是不值得托付的你。

当你觉得自在昂扬、充满信心，

别人看见的就是值得相信的你！

当你觉得没有人来爱你，

别人看见的就是可怜兮兮、毫无魅力的你。

当你觉得恩宠满怀、希望无限，

别人看见的就是明亮灿烂、风华绝代的你！

⊙ 改变学习人物

"物以类聚"是大家耳熟能详的一个词语，它的意义是：你是什么人，你的生活如何，由你周围交往的朋友即可看出。悲观的人周围大部分是悲观者，而乐观的人身边亦多为乐观者。因此要想改变命运，你必须要跳脱现况，和乐观者学习。要想快乐，请和快乐者为伍。

⊙ 放下仇恨，选择宽容

超越伤痛的唯一办法，就是原谅伤害你的人。可是有人会马上说："那样未免太便宜他了！"看看下面的对话，你就明白，选择宽容，其实是对自己最有益的事情。

"你真的相信，自己气得越久，对他的折磨就越厉害？"

"至少我不会让他好过。"

"假如你想提一袋垃圾给对方，是谁一路上闻着垃圾的臭味？是你，不是吗？紧握着愤恨不放，就像是自己扛着臭垃圾，却希望熏死别人一样，这不是很可笑吗？"

"假如你找到了对方，可是对方却不接受这袋垃圾，请问这垃圾在哪里？本来想熏死别人，但是最后恐怕先熏死的人是自己。"

⊙ 追求与快乐相关性更大的因素

人人都听说过"金钱买不到快乐"这样的说法，但研究结果显示，相信的人并不多。除了相信财富增加也不会有额外乐趣的富人外，多数的人说多一两成的钱能使他们更加快活。

社会心理学家发现，很多人不幸福的原因是因为期望错误。一旦人们丰衣足食，拥有食物、衣服、房屋之类的基本需求外，快乐也不会随期而来。其实，快乐的源泉在于有意义的活动和丰富的人际关系因素，而并不是与金钱永远成正比的关系。

乐观的性格吸引好运气

大多数幸运的人不仅得到了更多的好运，他们还在所有的事情上发现好事。对有些人来说，不幸的东西，到了他们的眼里最终都会变成好运。比如有个乐观的朋友这样说："今天早上塞车，耽误了会议，这挺糟糕，但令我高兴的是，我因此而收听了电台播放的关于上班妈妈的节目，那真是棒极了！"

善于创造幸运的人是把坏事变为好事的能手。他们的许多幸运故事源自于某件别人看来是不幸的事。对待生活考验的基本方式有三种，你属于其中的哪一种呢？

⊙ 幸运杀手：永远是受害者

当你极力避免向某些人问起这个简单的问题——"你好，过得怎么样"时，你知道自己遇到了属于永远的受害者和悲观主义者的那一类人。不得不听他们讲述他们的生活是多么的悲惨，而这一切都不是他们的过错，只能抱怨上天的不公。他们总是为自己感到委屈，并希望博取你的同情。

⊙ 幸运障碍：看到积极的方面——仅仅在事后

第二类人能在困境中看到福兆，但仅仅是在回顾的时候，遇到艰难困苦的时候，他们会发牢骚，会抱怨、诅咒他们的坏运气，希望事情会不一样。一旦困难过去，他们能够重新看待所经历的一切，甚至会认为那是有史以来发生在他们身上的最好的事情——但这仅仅是在他们发现了这段经历产生了某种意想不到的好结果时。

⊙ 幸运积累器：迅速地发现积极的方面

人们对逆境的第三种反应，是从遭到困难的那一刻起，就开始寻找其中可能蕴含的福兆。他们的勇气、力量、信念、韧劲和乐观精神都会令人惊异。如果被问起近况，他们也许会讲述自己的麻烦事，但是，他们谈得更多的则是他们的希望和为解决问题正采取的措施和努力。在谈话尚未结束时，他们就会问起你的近况，他们并不把自己看作是万物的中心。

⊙ 幸运日记：选择积极，摒弃消极

你有哪些消极的思维习惯呢？这里有一个很有创意的办法，可以帮助你确立积极的选择。你可以与配偶、子女或是同事一同做这个练习。如"我选择要求我想要的，而不是等待我想要的"，或者"我选择感激，而不是抱怨"等，每一天或每一周选择其中的一对来施行。只要有机会，就要把消极的想法有意识地转化为对应的积极想法。

你可以用这个办法改善自己对工作或生活任一方面的态度，你只要注意转化，消极的情绪都可以转变为积极的。

追求自己想要的 / 等待自己想要的

均衡发展 / 过度操劳

毫不畏惧 / 害羞怯场

热情关怀 / 冷漠责备

勇往直前 / 畏缩不前

失望而已 / 彻底完蛋

坦诚 / 欺诈

有事业心 / 做一天和尚撞一天钟

求知若渴 / 故步自封

做事有弹性 / 一意孤行

信念 / 畏惧

给予 / 索取

感激 / 抱怨

信心十足 / 疑虑重重

诚实 / 半真半假

启迪他人 / 炫耀自己

直觉的反应 / 无所适从

当机立断 / 措辞拖延

为别人感到高兴 / 嫉妒别人

生死情谊 / 只顾自己

和气宽容 / 生气责备

耐心倾听 / 拂袖而去

振作向上 / 悲哀自怜

 现场案例

寻求关注的烦恼

　　一位40岁上下的女士坐到了我的面前。她个子不高，鲜艳的裙子紧紧裹住了她的躯体，嘴唇红艳艳的，眉毛也像是用画笔浓描似的。

　　"老师，我来咨询个事，这事气死我了。"刚说到这儿，这位女士声泪俱下，我赶紧递给她一杯水，说："慢慢说，我认真地听。"

"我在一家大型企业做办公室副主任，这些年接待任务非常忙，全部都是我一个人应酬。我们从车间抽调几名人员帮忙，有事帮忙，无事回车间。可我一点儿也指望不上他们，我工作忙呀，可是我还要经常抽时间找他们开会，给他们讲一些办公室的规则及如何接待重要人物来访。可是，他们一来二去不听我的指挥了。今年底评优秀员工，车间还评他们为优秀员工。老师，您说说这事气不气人。我把这事反映给上级，领导也不置可否。"

女士喝了口水又继续说："我这工作多繁重，经常晚上八九点钟回家，家里的事一点儿都管不了，单位离不开我呀，离开我非乱套不可。我的工作这么重要，领导也没评我为优秀员工，那些不听我指挥的人却被评为优秀员工，您说说，这上哪儿说理去。"女士边说边哭，桌子上的抽取纸已成了一个小山丘。

我问："抽调的那三个人归车间管还是归你管？""归车间管。""他们在车间工作成绩突出，被评为优秀员工不是很正常吗？""你经常什么时间找他们开会？"女士回答："我工作忙，很多事离不开我，我只有中午吃饭时有时间，所以只有中午找他们开会。"

通过首次咨询，我已感到这位女士有着较严重的自我中心倾向，如安排开会时间，只顾自己，不考虑别人是否有时间，关于评优秀员工的问题，女士是从自己的情绪出发，不去考虑事实。

该女士谈出的问题看似尖锐但不深刻，指责别人做事缺乏细节，不能考察，只是笼统地埋怨。另外，女士夸大的言辞和服饰，夸大的情感流露都预示着该女士的人格有些问题。

通过深入咨询，我了解到该女士从小生活在一个缺少关爱和温暖的家庭中，父母经常吵闹，兄弟姐妹多，该女士排行在中间，得不到关注，经常遭到父母的奚落。为了得到父母和老师的关注和表扬，她经常刻意努力表现自己。

该女士讲："只有表扬我时，心里才有美滋滋的感觉。"长期的生活、学习和工作中形成稳定的行为模式而不自知。

经过四次咨询后，我对该女士做了一些必要的评估，并做了人格量表，初步表明该女士有表演型人格的倾向。

⊙ 心灵解密

有什么样的内心世界，就有什么样的人际关系。来访者内心需要的是得到周围人士的关注，成为人群中注意的中心。于是从服饰到言行都有夸张之嫌。

她的表演型人格的形成始于童年时期，不良的亲子关系使来访者形成了一整套稳定的夸张行为方式，这种方式的意义正是表达了强烈的吸引他人注意的愿望。

如果没有成为人群中的注意中心，便会出现感觉到受伤害和自尊丧失的强烈反应。这种类型的人情感表达肤浅且变化快。当她的内心需要没有被满足时，立刻会感到孤独，认为所从事的工作没有意义；当有人与之打招呼微笑时，又立刻笑容满面而津津乐道其关系的亲密。

⊙ 解压药方

1. 做任何工作都要以工作内容为中心，而不是以吸引他人注意为中心，即减少那些吸引他人注意的刻意行为。本例中的来访者安排开会时间要合理，一旦冲突出现，要灵活地处理而不是一味地向领导汇报此类小事。

2. 矫正自己不合情理的认知，即领导只能表扬和重视自己，否则就是伤害自己。要树立自己在工作，别人也在工作；自己很重要，别人也很重要的观念。看到别人的优点和长处，减少不必要的焦虑。

3. 角色扮演，想象伤害自己的人，坐在屋中椅子上，然后向他倾诉感受；自己扮演他人，想想自己坐在对面的椅子上，听他人倾诉感受，持续增加这种互动，直到出现一种深度的情感反应，仔细体会。

4. 真诚地请朋友或家人对自己的表现给予评价，有所扬弃；学会观察他人的言行和情绪，掌握其理性之处为自己所用。

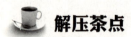 **解压茶点**

四句话改变人生

把自己当别人：在自己感到痛苦忧伤的时候，把自己当成是别人，这样痛苦就自然减轻了；

当自己欣喜若狂之时，把自己当成是别人，那么狂喜也会变得平和中正一些。

把别人当自己：这样就可以真正同情别人的不幸，理解别人的需求，并且在别人需要的时候给予恰当的帮助。

把别人当别人：要充分地尊重每个人的独立性，在任何情形下都不可侵犯他人的核心领地。

把自己当自己：善待自己，在自我的成长过程中学会欣赏自我，学会关怀自我，承认并接纳自己不是一个完人，学会有所放弃，学会认输。

如果更深一步理解，人活着，就是这样的四种境界：

首先，要把自己当成别人，这是"无我"；

其次，要把别人当成自己，这是"慈悲"；

再次，要把别人当成别人，这是"智慧"；

最后，要把自己当成自己，这是"自在"。

 **现场案例**

隐形的自卑使职场困难缠身

小贾大学毕业了，经过朋友介绍到一家企业工作，没过半年，小贾接受不了职场的环境和人际关系，想辞职但又舍不得这份工作，左右为难地走进了心理咨询室。

小贾见到我的时候，眼睛总是向别处看。

"请坐！"我示意小贾坐在沙发上。

他低着头轻声细语地说："韩老师，我的心里很难受，每天晚上都失眠，不知该怎么办了。"

"噢，心里很难受，不知该怎么办了，能具体说一说心里怎么难受？"我轻声地回应着，给小贾一段时间思考，静静地等待小贾的回答。

"我…… 我…… 也没什么事……唉！仔细想想，有许多事解不开。"

"先说说你认为最需要解决的事吧！""就是工作上的事。您知道吗，我这份工作来之不易，是朋友介绍的，我自己努力找过多次工作，都没有成功，所以我也特别珍惜这份工作。但是半年过后，我还是适应不了这里的环境和人际关系。"

小贾在我的启发下，一点点地走进他自己的内心世界，说出了他的心理感受。

"我觉得我是朋友介绍来工作的，不是我自己应聘来的，好像低人一等。我周围都是老职员，我做事肯定不如别人快和好，我觉得他们也看不起我。"

"你是如何证明别人看不起你的？"

"我和他们打招呼时，他们的眼神对我不屑一顾。""你是从别人的眼神中看出别人的态度的？""是的。""说说你的成长经历，看看我能帮你什么？"

"我对母亲没什么印象，我从小跟父亲长大，我的印象中，父亲对我一会儿疼爱，一会儿训斥。上小学时，看到别的小朋友都有妈妈接，而我没有，很多时候都是我自己一个人上学或回家，那时候我觉得我是与别人不一样的。我找爸爸要妈妈，爸爸说只要学习好，妈妈就回来，于是我就憋着一口气，好好学习，考上大学妈妈就回来了。我考上大学了，爸爸给我领来了一位妈妈，可我不能接受，我觉得特别委屈，感情被欺骗了。"

"你带着这种负性的情感成长，会不会影响新的环境中的人际关系呢？"

"肯定会的，自己很不舒服，可又不知道怎么处理。"

"想想看，这次事件中典型的影响是什么？"小贾沉思着，突然眼睛一亮，说："通过别人的眼神，判断别人对自己的态度，这可能是一种猜疑和敏感吧。"我看着小贾，点点头表示同意。

小贾继续着他的谈话："我对自己早就没什么自信了，我干什么都不行，从来就没有什么成就感，总觉得自己很委屈。比如我去应聘，不少于七次，没有一次成功的，索性我也不找工作了。"

⊙ 心灵解密

小贾成长过程的体验是负性的，他上小学时的"我与别人不一样"，深深印在他幼小的心中。他所理解的"不一样"是因为没有母爱，他不明白母亲为什么离开他，小贾认为是自己的过错，使母亲离开了自己。于是他经常自责和内疚，渐渐地与伙伴分离，使自己孤独，变得敏感起来。他用学习好来叫妈妈回来，而没有确定学习的正确目的是什么。父亲工作忙，时而娇纵时而管教，使得小贾丢失了生活的方向，不知道"我是谁"。学习好没有换来妈妈，生活的意义在小贾心中突然消失了，于是他自我评价下降，认为自己低人一等，什么都不行，严重地干扰了自我能力的发挥，加上应聘面试的失败，使自己体验到的是挫折加挫折。这种习惯性的无助感在小贾内心弥散开来，于是他逃避生活和挑战。当朋友帮他找到工作时，他抱着感激的心态去工作，但没有做好进入职场角色转换的心理准备。职场的人际关系不同于任何形式的人际关系，小贾在职场的人际关系上，又体验到了无助的感觉及负性的内归因（都是我的错，所以没人看得起我）。其实这种感觉是小贾内心早已建立的一种感觉模式，现实中一有不尽如心意的地方，便立刻与这种无助感链接在一起，使其看不到其他的积极方面，看不清生活的意义，判断不准自己的能力，换句话说是以感觉当事实，使自己沉浸在负性的感觉之中，自己制造了自己的问题，然后就有了逃避的借口。

⊙ 解压密码

首先帮助小贾建立一种积极的自我评价的模式，当遇到不顺心的事时，要先评估自己有什么资源和能力去解决问题。比如职场上的人际关系问题，要考察自己的积极能力在哪里，如真诚、情绪体验深刻，可把这些优秀品质传递给同事，求得他们的理解。积极的自我暗示对帮助自己走出困境非常有帮助；主动地、有事实根据地赞扬别人，对别人报以微笑，是处理好人际关系的一个重要方面。另一个重要的练习，是每天记录自己在事情中的情绪变化，然后再评估自己采取哪种方式处理问题，会使自己的情绪好起来。

总之，建立一个好朋友圈、培养自己的社会兴趣，对自己的未来有一个坚定的信念，找到积极的生命意义，正面情绪大大多于负面情绪，小贾就会体验到工作的快乐。

 **解压茶点**

职业压力的自我调整

开怀大笑：健康的开怀大笑是消除压力的好方法，也是一种愉快的发泄方法。"笑一笑，十年少"，忧愁和压力自然就和你无缘了。

听听音乐：轻松的音乐有助于缓解压力。如果你懂得弹钢琴、吉他或其他乐器，不妨以此来对付心绪不宁。

阅读书报：读书是简单、消费较低的轻松消遣方式，不仅有助于缓解压力，还可使人增加知识与乐趣。

重新评价：如果真做错了事，要想到谁都有可能犯错误，若事与愿违，就应进行重新自我评价，才能不钻牛角尖，继续正常地工作。

大喊大叫：在僻静处大声喊叫或放声大哭。哭并不可耻，流泪可使悲哀的感情发泄，也是减轻体内压力的一种方法。

与人为善：遇事千万别怀恨在心（包括自己是对的）。怀恨于心付出的代价是使自己的情绪紧张，用别人的错误惩罚自己。

不要挑剔：不要对他人期望过高，应看到别人的优点，不应过于挑剔他人行为。世上没有完美，可能缺少公正，因而要告诉自己：我努力了，能好最好，好不了也不是自己的错。

留有余地：不要企图处处争先，强求自己时刻都以一个完美形象出现，生活不需如此，你给别人留有余地，自己也往往更加从容，要学会说"不"。

学会躲避：从一些不必要的、纷繁复杂的活动中，从一些人为制造的杂乱和疲劳中摆脱出来。在没有必要说话时最好保持沉默，听别人说话同样可以减轻心理压力。

免当超人：不要总认为什么事都应做得很出色，应明白哪些事你可稳操胜券，然后集中精力干这些事。淡泊为怀，知足常乐，不但可减轻心理压力，还可避免"英年早逝"的悲剧发生。

逐一解决：紧张忙乱会使人一筹莫展，这时可先挑出一两件当务之急的事，一个一个地处理，一旦成功，其余的便迎刃而解。

熄灭怒火：遇事切莫发火，学会克制自己，暂熄怒火。待怒气平息后，有助于你更有把握地、理智地处理问题，多想"车到山前必有路"。

做点好事：你如一直为自己的事苦恼，不妨帮助别人做点好事，这样可缓解你的烦恼，给你增添助人为乐的快意。

眺望远方：一旦烦躁不安时，请睁大眼睛眺望远方，看看天边会有什么奇特的景象。既然昨天和以前的日子都过得去，那么今天和往后的日子也一定会安然度过。

换个环境：适当地改变环境可以减轻心理压力，这并非是消极的回避，有益的"跳槽"可另谋新的岗位，再自我反省，吸取教训。

外出旅游：思想压力过大，不妨在家属、朋友的陪同下，做短期外出旅游。秀丽的祖国山河，定会使你心醉。此时此景，你的一切忧愁和烦恼早已飞到九霄云外了。

 现场案例

开不起的玩笑

郭某在一家国际贸易公司做白领，工作颇有成就，经常得到领导的好评，可近来他内心一直很苦闷。一天傍晚他拨通了我的电话："韩老师，今天有时间吗？我想和您谈谈。"很快，我见到了郭某，三十八九岁，1.75米的个头，白净的脸上戴着一副黑边眼镜，一脸的喜色，看上去是一团和气的样子。他坐到了我的对面，娓娓道出心中的苦闷。

"韩老师，我上大学时比同班同学大两三岁，是因为当时考上了另外一所大学，由于不喜欢那个专业，也学不进去，上了两年就退学了，重新参加高考，所以我比同学的年龄大，因此我的内心很自卑。因此，我把自己裹得严严的，表面上一团和气，尽量和同学们开开玩笑、一起吃饭、一起玩，可我的内心很苦。"

"你的自卑感和内心的苦闷是因为你比同学年龄大吗？"

"是呀。""你怎么解释这个问题呢？"

"我觉得我很失败，其实我与其他同学玩不到一起，也谈不到一起，但是为了维护一个好的人际关系，我经常违心地去做事。"

"具体谈谈你认为的失败。"

"我不会选择和决策，经常犹豫不决，每次做完事就后悔，觉得没做好。"

"现在的主要问题是什么？是什么困扰你？"我温和地问道。

"我在单位里努力工作，常常得到上级的表扬，人际关系方面我也与同事们一团和气，但还是经常受到他人的嘲笑和奚落。"

"能举几个例子吗？""比如大家一起聊天，只要我在场，说着说着就会说到我这儿，'你看人家老郭，平时不言语，一旦说话就一语中的，领导能不喜欢吗？'再有娱乐下围棋时，无论我输赢，看热闹的人总是与我的工作联系起来说风凉话，如'老郭又赢了，下个单子的提成又有了，赶紧请客，让我们替你高兴高兴'等。"

"面对同事的嘲笑和风凉话，我没有表现出不愉快，可我的内心很不是滋味，我该怎么办呢？"我与小郭探讨了他的成长过程，认真检查了他的思维模式。在深入心灵的互动中，小郭渐渐明白了自己内心苦恼的原因，决心要解决这些问题，快乐工作和生活。

⊙ 心灵解密

郭某是独生子，在很强势的母亲引导下长大成人，"母亲强大，儿子弱小"。郭某重新高考的表现有独立成长的需求，但被母亲呵斥、指责，郭某的一次成长机会被母亲击碎了。他内化了母亲的指责："你重新高考，比别人大好几岁，上学后怎么能与人沟通。"于是郭某开始自卑，但又想搞好人际关系，所以把自己包裹很严，即便心里难受，也要主动与同学沟通。他没有弄清年龄并不是沟通的障碍，真正的障碍是两年前的高考，由于当时他判断不清、犹豫不决造成高考失败，导致两年后重新高考，所以认为自己很失败，使自己陷在了抑郁情绪之中。

尔后带着有偏见的认知直到大学毕业。参加工作后，他希望与各类人建立良好的关系，他的和气被人理解为好接触，于是同事们经常与他开玩笑，他内心的体验又回到学生时代，先前未完成的事件及没有解决的内心苦恼便影响了他此时的情绪。

同事们与郭某的玩笑，被认为是对自己的嘲笑，这是先前的认知模式在左右着郭某现在的工作和生活。郭某有较深的自卑心理，所以有很高的自尊需求，在人际关系中为了维护高自尊，拼命地与他人搞好关系，讨好他人，一团和气等都是这个目的。

别人与郭某的开玩笑，甚至是出格的话语，郭某在表面上一律接受了，但内心深处却十分抵触，认为他人在损伤自己的自尊心。一方面维护人际关系的和谐，一方面又不接受他人的玩笑，使郭某内心十分痛苦。

⊙ 解压药方

我使用了空椅技术，帮助郭某理清自己内心真正的需求是什么，重新理解母亲，重新理解自己，从而建立一个完善的自我形象；让郭某扮演同事，体会开玩笑人的心态，仔细研究这种玩笑的真实含义；再让郭某扮演自己，面对同事玩笑时的内心体验是什么。

另外又让郭某扮演第三者冷眼旁观这种玩笑，体会第三者的评判是什么。角色扮演后，郭某通过总结，认识到自己的体验与他人的感觉有着天壤之别。帮助郭某建构一套新的认知模式：遇到他人开玩笑时，先不从自己熟悉的模式感受问题，而是判断评估当时的情境，得出有利于自己的结论，即他们是玩笑而不是嘲笑，来帮助自己调整心态。

相互理解、包容和尊重的人际关系是自尊的基础，掌握了这些，就能走出困境。

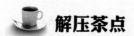 **解压茶点**

人生的四种基本态度

1. 我不好——你好，抑郁者的态度，来自幼年时的认识。

2. 我不好——你也不好，精神紊乱厌世者的态度，来自开始走路时，意味着"被人照看"的生活已告结束，抚爱到此为止。当他不愿老实待着，可能滚下楼梯，受到惩罚造成痛苦（过马路遭惩罚：不懂过马路的原因与结果的关系，但记下遭到毒打的痛苦）。如果这种身处逆境的状态毫无缓减地继续下去，孩子就会得到"我不好——你也不好"的结论。

在将来的生活中，他也总是感受到身处逆境，内心冲突极大，时时在打击着他那脆弱的神经。

3. 我好——你不好，这是怀疑和独断的态度，长期被父母虐待、凌辱的孩子会转向这种态度，随着年龄增大，开始反抗。"都是他们的错"，持这种态度的人，极端的表现是伤害他人，或骄傲，容易仇视他人使自己孤立。

4. 我好——你也好，这是健康的态度，认可自己也认可他人。

前三种态度依赖于情感，常会引发心理适应不良，第四种态度依赖于思考、信仰以及行动的保证。

 **现场案例**

迁就，让我的心很受伤

小石沮丧地坐在我的面前，说："人倒霉的时候，喝凉水都塞牙。"

看看小石无奈的表情，我问道："说说你碰到什么倒霉事了？"

"唉！一言难尽……"我向小石点点头，耐心地等他说下去。

"我是80后的年轻人，大学毕业就来到这家单位，一干就是五年，我自觉人际关系还行，跟谁都谈得来……"

"怎么叫谈得来？"我插话问。

"附和呗，谁的意见我也不反驳，听他们的呗。同事对我的评价不一样，有的说我圆滑，有的说我心眼多，有的说我没主见。反正说什么的都有，其实我自己也不知道自己是什么。总之，跟同事混的关系都可以，但都没有深交。

最近半年我很烦、很烦，有三次工作失误，都是因为我听从别人的建议，修改了图纸，造成事故。上级追究下来，我拿出我最初设计的图纸与出问题的图纸比较，大家都说最初的图纸没问题，后一张图纸虽说先进，但漏洞也明显。

我与上级说，后一张图纸是听了张工的建议才改动的，领导听后非但没同情我，反而还指责我：'张工说煤球是白的你也信呀！你的主见呢？'因为这件事，我被调离了设计岗位。

没想到，我把张工也得罪了，张工指责我：'你让我给你的图纸提建议，我好心好意地指出图纸改进的方向，你为什么不仔细斟酌研究呢？我只是建议，你倒好，全部都按我说的改，出事了又把责任推给我，真没良心。'看看，我弄得里外不是人。

我被发配到后勤工作，那里的人也像躲瘟神一样躲着我，我真是很伤心。"

我仔细听了小石的倾诉，表示非常理解他现在的感受，同时为了探究小石顺从、讨好他人的性格的形成过程，我请小石讲述了他的成长过程。

小石在童年、少年乃至青春期阶段，从来没有违背过父母的意愿，为此经常得到父母、老师的称赞。小石回忆父母经常说的一句话是："在家里要听父母的，在学校要听老师的，在单位要听领导的。"

我问："什么时候听自己的？"

小石回答："不知道。"

⊙ 心灵解密

小石生活在父母把自己的情感需要看得比孩子的需要更重要的家庭中。

父母对小石的爱是有条件的，听父母的话，做一个乖孩子，能得到关爱、赞扬。于是，童年的小石发展了这一特征，努力去迎合父母，上学后迎合老师，得到了赞扬，这是一种获益行为。久之，使顺从、迁就的心理持久化，形成了一种性格特征。

小石成年后不是内部导向，即自己有什么愿望、特长、爱好，如何实现自己的目标；而是外部导向，往往表现出遵从别人的愿望，过分顺从和取悦他人，压抑自己的需求。小石认为获得他人的称赞比形成真实稳定的自我感更重要，所以小石没有形成明确的自我概念。职场生活比家庭或学校生活更复杂，当小石迁就、顺从他人并没有得到想要的赞扬时，小石便出现被动攻击行为，比如头晕、失眠、情感退缩或者跟父母或妻子、孩子发脾气。

⊙ 解压药方

1. 了解自我。拥有一个真实的自我最重要。自我的形成来源之一是外部信息的内化。因此，首先要分析、阐明生活的经历，了解自己接受了什么信息；第二清晰地识别出自己活着的目的；第三识别自己的能力所在；第四了解他人的赞许只是一种表面与暂时的内心满足，持久稳定的满足感来源于自己内心，如使命感。一旦形成真实的自我感就能看清自我的能力所在，就能坚持主张并主动规划职业生涯。

2. 了解自我认知是否正确。首先，要对想法和事实进行检验，如"我不去迁就他，他会恨我；如果他恨我，我就不被人喜欢"。小石上述想法全部没有经过事实的检验，然而在接人待物时全被小石当作事实；其次，要对想法进行挑战，重新建构一个更具适应性的想法。如"我与他人讨论共同的话题，可以把自己的想法谈出来，没必要去迁就其他人，别人也会接纳我。即使个别人不接纳我，也不能证明所有人都不喜欢我"。

3. 了解童年时就已学会的行为模式。如帮助小石重新体验童年时期真正想要的是什么，父母让自己做什么，怎样回应父母最合理。想象自己是个健康的成人，鼓励童年的自己，大胆向父母提出自己的要求并获得成功。

4. 了解行为训练的重要性。把学会的自我重建的知识迁移到现实生活中来，设计一张行为对应卡，卡片内容可设立：情境因素、习惯性行为反应、现实考虑、健康行为等几部分，每天记录自己的行为。健康行为频次多的时候，自信就会诞生，就会拥有一个真实充满希望的自我。

 **解压茶点**

用自信改善性格中的阴暗面

问题是被制造出来的和被坚持下去的，因此，问题也是可以被解决的。我们的大脑是在一次经验里制造出这份情绪感受，经过重复形成思维定式，这个定式从某种意义上决定了你的性格、生活态度和生活方式，包括对自己的态度。既然我们的情绪感受是从经验中来，那么应该可以在另一次经验中化解这份情绪感受。

生活常常就是这样，有时会出现大难题，产生各种失落和痛苦。每一个人都无法逃避伤害，我们自己、我们的家人、我们的朋友，当面临严重的疾病、婚变、死亡等不幸遭遇时，我们应该如何对待呢？最通常的反应是怨天尤人，然后在痛苦哀怨中苦苦挣扎，有时也会有浓重的自弃和自责。可是我们仍然要生活下去，许多道理自己也明白，可是当悲伤来临时，仍然会不知所措。

到底该怎样面对痛苦，怎样走出困境，重新振奋起来呢？

首先就是面对现实，理出头绪。美国心理分析家史坦丝博士在"论失落"书中写道："人有脆弱面，生命也一样，只要活着，我们就难免遭逢失落——小到丢掉一个布娃娃，大到失去父母；有些是我们的责任，有些我们一点办法也没有。幸好，人有坚强的一面，生命更是如此。少了心爱的布娃娃，依然还要活下去，痛失父母也一样……脆弱是人性，坚强也在你心中。"

其次是担起责任，开始新生活。没有一种创痛能从我们的记忆中消失，不仅要勇敢地面对它，还要让它成为我们生活的动力，我们受过伤，这会使我们更懂得责任和人生的意义。

"忧伤、沮丧、自责、痛苦……失落的各种情绪在我们心中滋长，一分一分地消磨我们的斗志；在无奈地接受一切的同时，我们是不是正在扮演一个生活的逃兵？但是逃避不是办法，我们必须推开失落，一分一厘地检视自我。从中学习生命的真谛，从失落中发掘珍贵的人生。"

再次要认识情绪。我们要知道，情绪是内心的感受，经由身体表现出来的状态，是生命里不可分割的一部分。它教会我们在事情中该有所学习。每种情绪都有其意义和价值，不是给我们指一个方向，就是给我们一分力量。正如我们没有痛苦的感受，便不会把手从火炉上抽回。试想如果我们没有恐惧，生命会变得多么脆弱。另外，情绪应该为我们服务，而不应该成为我们的主人，其实人类情绪的来源是本人内心的一套信念系统，即"我认为别人应该听我的"，那么，别人不听你的怎么办？于是生气了。

"我认为我应该得到"，现实中因种种阴错阳差，没有得到，于是生气了。这里的"应该"就是你内心的信念，而且是有偏差的信念，容易引起你的负面情绪的信念。

我们说，改变一个人的信念系统，就可以改变事情带给你的情绪。

人们的消极想法是以各式各样的思维误区为特征的，调整和改变这些思维误区代之以更切实的想法，能帮你减轻痛苦，转好情绪。

故事一：有一个小男孩，一次长跑比赛后回到家里，父亲看到他很高兴，马上就问：你是不是得了第一名？他说：没有啊，我得了第二名。父亲很生气，骂道：得了第二名有什么好高兴的。你知道小男孩怎么说？他说：爸爸，你知道吗？那个第一名不知道被我追得有多惨！这就是那个小孩的心态。他看重的是跑步的过程，虽然他只得了第二名，但他很快乐。这个快乐不是比赛结果——第二名引发的，而是孩子的看法引起的——第一名被"我"追得多惨。而爸爸生气是因为他看重比赛的结果。同样一场比赛，引来两种结局：爸爸生气，儿子高兴。

故事二：从前，有两个秀才一起进京赶考，路上遇到一支出殡的队伍。看到那口黑乎乎的棺材，其中一个秀才心里立即"咯噔"一下，心想：完了，真触霉头，赶考的日子居然碰到这个倒霉的棺材。于是，心情一落万丈，走进考场，那个"黑乎乎的棺材"一直挥之不去，结果，文思枯竭，果然名落孙山。

另一个秀才也同时看到了，一开始心里也"咯噔"了一下，但转念一想：棺材，棺材，噢！那不就是有"官"又有"财"吗？好，好兆头，看来今天我要红运当头了，一定高中。于是心里十分兴奋，情绪高涨，走进考场，文思如泉涌，果然一举高中。回到家里，两人都对家人说：那"棺材"真的好灵。

第一个秀才之所以落得个名落孙山的结果，是因为他考场上文思枯竭，而文思枯竭是因为情绪不好，情绪不好又是因为他看到令他感到"触霉头"的棺材。

第二个秀才之所以金榜题名，是因为他考场上文思泉涌，而文思泉涌是因为情绪高涨，情绪高涨又是因为他看到令他感到"好兆头"的棺材。在现实生活中，我们也常常碰到与此相类似而结果不同的事，如有的人高考落榜，就自暴自弃、一蹶不振，有的人则能自学成才；有的人学习不好，怨父母、怨环境、怨天尤人，有的人则能客观地分析各种因素，找出原因，加以改进。事实上，正是人们对事物看法的偏差，造成了人们的非理性看法；非理性看法又是事物不良后果的根源。

换句话说：真正决定事物结果的根源并非该事物本身，而是我们自己对该事物的信念、评价与解释。即一切的根源不是事物的本身，而是有权对该事物做出不同评价的我们自己——自己是一切的根源。

希望下面的一段话能带给大家一些思考：我们可能无法改变风向，但我们至少可以调整风帆；我们可能无法左右事情，但我们至少可以调整自己的心情。

 **现场案例**

我的热情在哪里……

小吴今年27岁，硕士研究生毕业，刚参加工作一年。用小吴的话讲："准备在职场上努力拼搏，干出成绩，回报父母和老师。"

前段时间因为工作的差错，主管狠狠地骂了小吴一顿。小吴把愤怒、委屈的情绪统统装在心里，没有与任何人沟通，经过时间的发酵，小吴倍觉憋屈，觉得工作没有任何意义了，于是前来咨询我。

小吴说："我性格比较内向，我也有奋斗目标和方向，交给我的工作我也喜欢，应该说我是很投入的，不懂就问，不会就学，可我的主管就是看不上我……"

说到这儿，小吴喘口大气接着说："工作中有不清楚的地方我去问他，他总说'你这也不懂，那也不懂，你是怎么学的'，时间久了，我也不去问他了，我就自己琢磨，或是向老员工请教。

前段时间，公司进口一些电子配件，我在翻译说明书时出了一些差错，导致一位客户退货，我发现后及时弥补了差错，没有导致更多的问题出现。主管知道后，当着研发部门十多个人的面，大声吼道：'你们这些"80后"，真是一点责任心也没有，除了玩乐以外，其他的一概不懂，客户退货的损失你要全部包赔。'说完摔门就走了。

韩老师，我觉得我很孤独呀，没有人理解我，我刚参加工作的热情全被主管骂跑了，我现在还在做着完全没有意义的工作，我苦恼极了。"

⊙ 心灵解密

一个人存在于环境中，个体与环境交流互动时，通过认同、内化、整合，表现出来的自我是个体心理上的自我，这与个体的气质、性格有着密切的联系。

　　一个性格开朗活泼的人，可能对外部的消极评价不太在意，可一位内向敏感的员工，对外部尤其是主管的评价极其在意。当评价完全不符合个体的动机时，个体就会有被伤害的感觉。

　　那位主管言辞激烈的毫无根据的指责式评价，显然没有起到推动和发展员工内部动机的作用，相反，小吴积极的内部动机被主管负性的价值评判消减得荡然无存。所谓内部动机，就是活动本身就能满足活动者的需求，它能反映出人的本性中一些积极的潜力，也能满足员工对工作"胜任的需要""自主的需要""交往的需要"。

　　优秀的企业文化，要能创造让员工有成功的感觉，提高他们的内部动机，而不是没有任何根据地对某些员工进行负性的价值判断。所谓的"没有责任心"，就是对一些员工极其片面的看法，属于贴标签式的判断，这个判断如果被员工认同，个体就会发展出符合这个标签内涵的行为，如果不被员工认同，则会引起情绪的波动。

　　内部动机与外部动机可以相互转化。本案中的小吴对工作有热情、有奋斗目标，经过主管的负性评判，内部动机变为外部动机，即"我付出劳动，你给我薪水"。当然，外部动机经过即时反馈、强化、赞赏，让当事人有自主感时，也会转化为内部动机。

　　员工的内部动机出现会大大提高企业非财务性收入。企业要达到使员工满意的心理环境，就要营造使员工具有安全感、公平感、目标感、被接纳和归属感的氛围。这种企业制度的设计是从人文关怀、视员工为客户的心态出发，改变管理风格使管理从"命令""惩戒"式，转向支持、帮助员工解决问题。

　　上述谈到的是现代企业文化的核心内容，至于员工个体如果一

时不能改变企业心理环境，就要及时地改变自己，包括改变解释事
件风格（认知改变）、去敏化（关注角度）的变化、职业生涯目标
的调整、人际关系的改变等，这是员工个体适应企业环境的必要的
心理调整手段。

⊙ 解压之药

小吴的个性内向敏感，追求完美，必然对问题有着强烈的关注，
在关注问题的同时，忽略自身积极变化的潜能，即面对外部的问题
和他人不实事求是的评价这一事实，自己能有什么改变及进步。

小吴在选择性关注问题的同时，删除了带有希望和正面意义的
线索，使自己陷于心理危机之中。关注角度的改变对小吴的进步至
关重要，如从关注外部评论改为关注通过外部评论而修正自己的行
为，把外部评论当作自己的一面镜子。

小吴要重新适应主管的行为方式，一般要经历认知调节、态度
转变和行为选择三个环节。在此过程中，认知调节起着极其关键的
作用。小吴可以把主管对自己的讲话理解为一种鞭策，自己下次做
得更好，既可以锻炼办事能力，又可改善人际关系。

小吴要学会提升自我效能感，合理利用归因方式，把这次差错
归因为自己的疏忽，而不能归因为自己的能力不足，这样就会相信
自己有能力解决问题，提高自信和自尊水平。

总之，小吴没有办法阻止主管对自己的负性评价，但小吴可以
决定这件事带给自己的意义，小吴可以选择"问题"，也可以选择
"机会"，如果小吴选择"机会"，就要想想这件事带给自己的是

什么样的教训，下次应避免重蹈覆辙。所以说成长进步也是自己选择的结果。

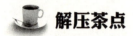 **解压茶点**

用有能量的语言和同事讲话

每个人都希望得到别人的鼓励和支持，当被别人认为自己很好、有能力、有价值、被别人喜欢时，于是他就愿意再克服困难，尝试新的东西，做工作更积极。如果你是一个总能给予别人正能量的人，和你一起工作的同事就会心存感激，因为你成了他最重要的精神支持。

可是，怎样的表达才是支持和鼓励呢？

你有时候可能会说出下面的话，而这些话是拖着你的同事向后退的：

我告诉过你几遍了，你怎么还不清楚！

这是你的救命钱吧，怎么这么着急要。

老王，你辛苦了！

让我看看，你的珍珠项链是真的吗？

你都多大了，还管不住自己。

看看你做的活儿，什么时候能赶上张三就好了。

我就知道你是这样，真后悔怎么招了你进来。

你每天加班，这么辛苦呀！

老板老让加班，太讨厌了。

你也可以用下面的方式说话，这些话表达了你的意见，同时可以让同事感受到你的支持和鼓励！

看来你还没有搞清楚，我再演示一遍给你看。

你等着用钱吧，我再帮你催一下。

老王，你干得很漂亮！

你戴的项链很漂亮！

这件事做得不错，要是能再花点时间就更好了。

看看你做的活儿，跟张三都差不多了。

我知道你有潜力，努力做就对了。

你每天加班，真有干劲！

老板老让加班，看来很重视我们。

用能够给自己带来力量的方式说话吧！用能够给别人带来力量的方式说话吧！无论我们自己还是别人都会因为这样的方式感受到力量，我们也就抵达了心中的青山绿水。

生活中，我们是好心的，或者是希望通过自己的努力让对方更好，但是常常会不自觉地采用负面的表达方式。我们都希望自己的孩子比别人强，所以总想在孩子面前树立一个学习目标；我们也总希望自己的爱人比别人的强，所以在爱人的面前也树立了一个学习目标；我们也总希望我们的同事能够工作出色，达到自己心中的理想，所以在同事面前也树立了一个学习目标。结果，南辕北辙，我们不断地努力只会使那个人离你的希望越来越远。

其实，人们都需要积极健康的信息，因为人人都有积极向上的愿望，都有被人尊重的愿望，都有被作为重要人物的渴望。使一个人改变的力量来自赞赏，而不是来自批评。

用能带给自己能量和带给他人能量的方式说话吧，你就会成为一个正能量的人，并且向你的周围传递的都是正能量！

第 5 章

在竞争的压力中
不断成长

　　职业竞争，是指公民参与社会职业以后，面对无处不在的竞争而采取的心理应对策略，以求达到使自己心智更加成熟，从而达到更好的职业发展的目的。

　　在众多的压力中，竞争的压力恐怕是人人都能感受到的。竞争带来升职或是淘汰，加薪或是减薪，它无时无刻不牵扯着我们内心最脆弱的神经。工作的压力如果再带入家庭，又会引发新的冲突，这些压力让我们心力交瘁。如何让竞争的压力促进我们成长而不压垮我们呢？

　　先让我们测试一下你的职业竞争力如何。

职业竞争力测试

　　不管是生活中还是职场中，在这个讲求竞争力的时代，缺乏竞争力就等于缺少生存能力。竞争的心态更是从根本上决定了你的职业竞争力。在寻求职业咨询专业帮助的客户中，这种情况普遍存在——很多缺乏职业竞争力的职业人都是由于比较缺乏竞争意识而导致的。因此在很大程度上你的竞争心态如何直接决定了你的职业竞争力的大小。如果你目前在工作上出了一些问题，请首先考虑一下你的竞争状态如何。

下列问卷可以帮助我们了解自己的竞争状态如何，帮助我们及时调整。

为方便统计，记分方法如下：A为2分、B为1分、C为0分。请将每题的分数累加。

1. 在职业的选择上，你希望找一个很稳定的工作吗？

    A. 不是   B. 是   C. 不一定

2. 为了适应环境，人们应该：

    A. 视情况而定

    B. 对不同的人讲不同的话

    C. 对不同的人讲不同的话是滑头的表现

3. 在平时的工作中，你非常想超过别人吗？

    A. 经常这样想   B. 有时这样想   C. 从未想过

4. 与过去相比，你是否更愿意参加各种竞赛，以检验自己能力的高低？

    A. 愿意   B. 无所谓   C. 不愿意

5. 你认为对于竞争的正确态度是：

    A. 竞争能发挥个人才能，应该积极参与

    B. 竞争不关我的事

    C. 竞争会带来很大的压力，造成心理紧张

6. 业余时间，你最喜欢读的书籍是：

    A. 名人传记类   B. 文艺小说类   C. 娱乐类

7. 现代社会竞争激烈，为保证在事业上胜过别人，不能把自己

知道的信息告诉别人，你的态度是：

    A. 反对   B. 不大同意   C. 同意

8. 你认为对于朋友的选择应该是：

    A. 选择志同道合的朋友

    B. 非常慎重

    C. 广交朋友

9. 一个人应该从事任务重、风险大、收入高的工作。你对此观点的态度是：

    A. 同意   B. 不一定   C. 反对

12~18分：你是一个喜欢竞争的人，也能选择正确的竞争观，但你会更加喜欢竞争的本身，而非竞争的结果。通常你是职场上较爱出风头的人，你对自身要求也较高，总体来说你的职业竞争力很好。对你而言，选择合适你的职业方向显得非常重要，因为你通常走得较别人快，一旦走错了方向错得也会更远。

7~11分：你是个不怕竞争的人，在竞争面前能够从容处事，能用理性的思维看待问题，而不会在强大的压力之下盲目做出决定。但也许会因为缺少主动性而丧失很多机会，所以，一个长远的职业规划将能够弥补这一不足，并且使你的抗压能力发挥得更好。

0~6分：你是一个回避竞争的人，甚至是个害怕失败的人。但你千万别忘了，这是个竞争的社会，没有竞争意识等于缺乏生存力。虽然你害怕失败，但通常失败的经历常找到你，职业发展上常常会出现各种各样的问题。通常，你是最需要帮助的那一类人。

培养核心竞争力是立足之本

在职场中，存在竞争是难免的，比如岗位的竞争，部门间、同事之间、上下级间的竞争都是存在的。有竞争就有输赢，有输赢就有人喜有人悲，就会有人出现心理上的不平衡，从而损害心理健康。

其实，同事之间的关系，本来就是合作与竞争兼而有之的关系，过分放大竞争心态，合作就不会愉快。就工作目标来看，身边有一个强有力的竞争同事，便于产生"结伴效应"，从而促进自己潜能的开发，对自己的能力提升也有很大的帮助。人的普遍思维惯性倾向都是能懒则懒，因此，适当的竞争，便于加强人自身的活力。

在如今都在讲究团队作战的年代，过度强调个人英雄主义、缺乏团队协作，在职场中是很难取得良好业绩的。因此，作为一个职场人，一定要在竞争和合作的双重关系中权衡好、把握好。

作为一位职场人士，只有拥有核心竞争力才能在竞争中立于不败之地。那么，核心竞争力都包括哪些，又如何提高呢？

职场核心竞争力构成主要包括三个方面：一是职业定位要精准，二是拥有丰富的综合能力与资源，三是执行力超强。要想打造核心的竞争力，就要结合这三大要素，缺一不可。

⊙ 职业定位要精准

职业定位是通过职业取向系统、商业价值系统、职业机会系统三大因素来确定你的最佳职业选择，人生定位是否准确，将直接制约着个人核心竞争力的发展。

⊙ 丰富的综合能力与资源

工作中，综合能力包括语言表达能力、信息处理能力、解决问题能力、人际交往能力、组织管理能力、领导能力、公众演说能力等。

资源是个人所掌握的知识和信息总量、达到的学历水平，以及人脉存折，即个人所拥有的社会人际关系。资源越丰富，能力越强，个人核心竞争力相应也将更加强大。

⊙ 执行力超强

执行力就是"按质按量地完成工作任务"的能力。个人执行力的强弱取决于两个要素——个人能力和工作态度，能力是基础，态度是关键。所以，我们要提升个人执行力，一方面是要通过加强学习和实践锻炼来增强自身素质，而更重要的是要端正工作态度。对于上级交代的任务，一定要坚决地、不找借口地完成。

竞争失败时，你可能会这样

在职业竞争中失败，感受到挫折时，会出现以下几种心理障碍和相应的行为表现。

⊙ 攻击

当竞争失败面对挫折时，人容易情绪波动，甚至会向导致他失败的人或物进行直接攻击。这种攻击可能是语言攻击，也可能是人身攻击。

⊙ 退行

退行指的是当一个人受挫折时，会表现出一种与自己的年龄、身份很不相称的幼稚行为。例如一个职场新人做错了一件事，之后用吐舌头的方式，表现自己认识到错误，并希望得到宽容，以摆脱痛苦。倒退的另一种表现是易受暗示，表现为在受挫折后盲目相信别人，盲从地执行某个人的指令。

⊙ 固执

固执通常指自我强迫地重复某种无效动作，虽经别人劝阻和本人实践证明无效，仍要继续该动作。看上去，固执与正常习惯非常相似，但当设法改变固执行为和正常习惯时，就会看出它们之间的区别。当习惯动作不能满足人的需要或者受到惩罚时，它就会改变。在相同情况下，固执行为不仅不会改变，而且会更加强烈。例如，有的人在工作中遇到不满时，怒气总是隐忍不发，总是这样的模式，天长日久，生了病，当得知生病时，才悔之晚矣。

⊙ 自我惩罚

有些职场人士在竞争中遭受挫折后，如果在单位受到同事的奚落，回家又受到家人的指责，就很容易产生万念俱灰的感觉，可能会认为自己一无是处。当这个人不对外攻击别人时，就容易对内攻击自己，如用不吃饭，甚至是更严重的自残方式来进行自我惩罚。

⊙ 妥协

人在竞争受挫折时会产生心理或情绪的高度紧张状态，而影响到心理过程的正常进行，使感知、记忆、思维活动受到抑制甚至发生紊乱。这种状态叫作应激状态。有些人在这种情况下常采取妥协的方式自我解脱。妥协的形式有以下几种：

1. 合理化。合理化是在失败后想出各种理由原谅自己，或者为自己的失败辩解。这就是所谓的找借口、怨天尤人、自我解嘲。例如一位经理去招标，没有竞争过其他公司的对手，他就把失败的原因归咎于自己最近一直走霉运，"天意如此"之类的借口。

2. 推诿。即在受挫折时，把自己的不佳表现推诿于他人，以减轻自己的不安、内疚和焦虑。比如工作出现了纰漏，不是抱怨领导指示不明，就是抱怨同事不够配合。

3. 替代。当一个人所确立的目标与社会要求相矛盾时，或者受到条件限制而无法达到时，他会设法确定另一个目标取代原来的目标，这就是"替代反应"。"升华"是替代作用的一种主要表现形式。例如，人在情感上受到挫折，往往会把精力投放在事业上。所以替代实际上是一种补偿。这种替代和补偿有积极作用，它可以通过个人的努力扬长避短，克服困难和挫折，转败为胜。

4. 认同。认同是把别人的好品质、好思想主观地加到自己身上。它表现为模仿别人的举止言行，以别人的姿态、风度自居。例如在一个商业聚会场合，一个经理在同行面前谈论自己过去的经历时，他会说："当年马云就是这样过来的。"这种积极认同对战胜挫折有良好的效果。但还有一种消极的认同，如有人在公司破产后，以过去的一些殉道者为榜样，采取消极的自杀方式来自我解脱。这种认同就不足取了。

5. 压抑。压抑即受到挫折后用意志力压抑住愤怒、焦虑、沮丧、悲伤等情绪，强装笑脸，显出若无其事的样子。一般来说，像空姐这样从事服务性质的人，容易压抑自己。表面微笑，实则抑郁。这种做法虽然看上去可以减轻焦虑，获得暂时的平静，但并不能解决根本问题。这种自我压抑如果持续时间较长，又没有采取相应的方法加以排遣，将对身心健康造成危害。

不做竞争挫败感的易感染人群

竞争失败导致挫折感，使人容易陷入困境、逆境。由于失败，人的成就动机不能实现，个人需要不能满足，抱负不能变成现实，这些都会导致沮丧、忧伤、悲哀、焦虑、自卑、愤怒、嫉妒等情绪。在这种时候，如果不善于控制和调节自己的情绪，不能及时地调整自己对胜败的认识，就会对身心造成损害。所以，失败是对人的情绪和理智适应力、耐受力的考验。

那么，什么样的人容易感染竞争挫败感呢?

人们对失败的适应力、耐受力有很大的个别差异。有的人能忍受严重的挫折，在挫折中不灰心、不自卑，力求通过进一步的努力反败为胜。有的人则稍遇挫折就灰心丧气、意志消沉，产生自卑感，不愿再作进一步努力。有些人能忍受工作上的严重挫折，却不能容忍自尊心受到伤害。有些人能忍受别人的侮辱，但面对学习、工作中的失败却焦虑不安、灰心沮丧。

心理学研究表明，人对挫折的容忍力受到人的生理条件、过去受挫折的经历、个人的气质、个性和对挫折的认识的影响。体质强、气质强、性格坚毅、情绪稳定、胸襟开阔、认识水平高，这些特点有助于摆脱因失败带来的挫折感。

相反，体质、气质、个性都不强，情绪易波动，胸襟狭窄，认识水平低，这些特点对摆脱挫折感都是不利的。在现实生活中，曾经长期身处逆境、生活道路坎坷的人，比生活一帆风顺的人更善于适应失败带来的打击。

如何在竞争中保持积极的心态

竞争让人们满怀希望、朝气蓬勃。工作上的竞争无可否认具有积极的作用和意义。工作上的竞争能促进自己的职业定位，能促进自己形成积极进取的竞争心理和健康高尚的人格特质，并形成强大的推动力，促进自己综合实力不断提升，从而获取职业发展的先机。

话虽然这么说，但是竞争也容易使人在长期的紧张生活中产生焦虑，出现心理失衡、情绪紊乱、身心疲劳等问题。那么，在如今充满竞争的现代社会里，如何才能保持竞争带给我们的积极作用，而不被消极的作用所牵绊呢？

首先，要对竞争有一个正确认识。关键是如何对待失败，要知道，竞争只是一次检验而已，它决定不了你最终能成为什么人，像"失败是成功之母""此处不留爷，自有留爷处"等俗语不是口头上说给别人听的。

其次，对自己本人有一个适当的评估，不好高骛远，又不妄自菲薄，努力缩小"理想我"和"现实我"的差距。制订目标时，要把长远目标与近期目标有机地统一起来，脚踏实地一步一个脚印地做起，这样才有助于"理想我"的最终实现。

最后，在竞争中要能审时度势，扬长避短。如果在实战中注意挖掘，那么，很可能会造成"柳暗花明又一村"的新局面，不必拘泥于眼前的成败得失，把目光放长远一些，这样不仅能增加成功的机会，减少挫折，而且会打下进一步发展和取胜的好基础。

当然，成功了固然可喜，失败了也问心无愧。俗话讲"三分靠人，七分靠天，尽人事，听天命"，很多时候，我们个人的努力的确很重要，但是依然有很多我们个人控制不了的因素产生。如果从中悟出了一番道理，或者在竞争中学到了知识，增长了才干，那么这种失败同样有价值，只要我们在竞争的过程中个体得到了成长，结果也就不是最重要的了。有了今天的成长，自然会有明天的成功。

另外，还要注意不要让自己承担过重的压力，应把规划定在自己的能力范围之内；一段时间只集中精力干一件事，以免过多事务给自己造成精神压力；不要处处与人竞争，以免精神过度紧张；对工作中其他的人期望不要太高，避免失望感；遇到非原则性问题可以作必要的妥协和让步，以免小题大做；如果感觉竞争压力大，看到某事某人就头疼，就需要离开刺激源，避免刺激加剧；如果实在难过，就找找知心朋友，倾诉心声，以减轻心理压抑；注意经常放松自己，以避免烦恼郁积。

如何更好地工作

工作是一种享受，而不应该成为竞争的手段。最佳的工作效率来自于高涨的工作热情，我们很难想象，一个对工作兴致淡薄的人会全心投入工作，得到很好的工作效果，兴致勃勃会让人更好地发挥想象力和创造力，在短时间里取得惊人的成绩。我们要善于培养工作的激情，而下列条件是产生激情必不可少的条件：

⊙ 平衡

这是指认识工作难度与工作能力之间的差距。如果工作太简单，无法激起工作热情，大脑必然会很松懈，从而不能取得应有的工作效率；反之，如果工作难度大，以致负担过重，无法胜任就会打击人的自信心，让人陷入沮丧之中。因此，在职场中，我们要尽量选择难度适中的挑战。

⊙ 有价值

如果你从事的是一份你认为无足轻重的职业，那你肯定不会忘我地工作。只有你选择的职业符合你的价值观、能充分发挥你的特长，让你觉得有意义的时候，你才会不断努力、争取成功。因此，你可以列出几项自己曾喜爱的职业，进行分析，分别找出是什么吸引你，然后找出你觉得最有意义的一项去从事。它将成为激励你克服障碍、锐意进取的动力。

⊙ 目的性

我们在做具体工作的时候，很容易仅仅把它作为一项任务来完成，然而，事实上，每项工作都有其明确的目的，但是，我们能随时在心里明确这个目标，提醒自己，完成这项任务将有利于推动整个项目的发展，我们也就有了努力的方向，而不至于懈怠。

⊙ 控制力

不论你从事哪种工作，都应培养良好的控制力，要有信心自己能把工作向好的方向推动，否则，你会不断遭受挫败感。

⊙ 对公司进行整体评估

作为公司的一员，应该清醒地对公司进行整体评估。了解它的现状、未来的走向、人事变动及其原因。只有当公司文化符合你个人的价值观、期望值时，你才会真正融于其中，忘我工作。

⊙ 构想未来

首先认真构想一下自己的将来，十年、二十年以后，你希望过上怎样的生活、从事什么样的职业。把它作为最终目的去追求。如果你明白现在所做的正是为未来的成功铺平道路，就一定努力工作，为自己创造出积极进取而不是消极等待的氛围。这种氛围对人的成长是有利的。

⊙ 规划

为了实现未来的构想，应该好好规划一下现在的生活，问问自己：现在做的工作是否有利于自己更快地达到最终目标。如果不能，那么自己选择什么更合适。这种追问应该不断反复，直到找到最佳职业。

⊙ 以轻松的心情对待工作

削减10％的工作时间，让自己每天早一个小时下班。你会发现，原来这不是难事，而且，这么做几乎不会影响到你的工作品质，反而提高了你的工作品质和效率。你可以每天拨出一个小时来应付那些扰人的电话、临时会议、寻找文件和其他会剥夺你时间的杂事，这些杂事在商业社会中是不可避免但又是我们很少去留意的麻烦。明确地规划这种时间，可以强迫你去正视那些麻烦的存在，而且，也可以减少伴随而来的烦恼，至少那些麻烦都会在那个小时内被解决掉。

总之，如果繁杂的工作使你感觉厌倦不已，你就应该适时适量减少你的工作量，只要你确信这样做可以使你心情更为放松愉悦，相信必然会为你的工作带来更大的效率。

⊙ 学会休息

除了有意识简化自己的工作，还要学会休息。

有人观察，人体的精神状态一般在上午8时、下午2时和晚上8时最佳。最佳状态持续两小时左右各有一次回落。如能利用这种起落变化，科学安排作息时间，是建立有规律生活节奏最好的办法，就能最大限度发挥智慧和潜能，既能保持大脑良好的活动状态，又能增进健康。但是，想真正做到不是那么容易的，这里要提醒大家的是，不管工作多忙，任务多重，一旦科学安排作息时间做不到，那么无论如何要给自己留出一定的"喘息"时间。

比如，阅读、写作一小时后，最好休息片刻。最长连续写作、阅读时间也不要超过两小时，否则，不仅工作效率不高，而且非常容易产生疲劳。此外，做实验、开会、做报告也最好中间安排一下休息，到室外活动一下，再继续进行。这样做虽然看起来会占用一定时间，但从总体上看，从长远来看还是值得的。

现场案例

没有升迁的苦恼

"我在一家星级宾馆任部门副经理，前些日子部门正职升迁，上级又派来了一位经理，我依然做副经理，这很不公平，也表明我是一个彻底的失败者。"

来访者一副愤愤不平的样子，喘着大气，胸部起起伏伏。

"谈谈你认为的不公平。"我心平气和地与来访者说。

"我这个部门是专门与客人打交道的，闲杂事很多，我每个周六、日都来单位处理一些事，根本没有休息的日子，平常遇到难解决的事，也是我主动出面摆平，客人对我的评价蛮高的，可领导这样对待我，我真想不通。"

我与来访者建立了良好的咨询关系，来访者的情绪慢慢平息下来。来访者说："我35岁结婚，为什么这么晚结婚，是因为我把精力都放在工作上了。我每天在努力，为客人服务、为领导服务，满足了他们的要求，所以婚事一拖再拖。我一心一意都用在工作上了，到现在该提拔了，又没有我的分了。"

"你付出了这么多，没有得到自己想要的，觉得很委屈。"我共情式地回应着。

"最起码领导也要承认我，承认我的努力。"

"领导承认你的标准是在职务上提拔你？"

"也不是……"

"想一想是什么呢？"

"就是想得到领导的认可。"

"你刚才说结婚晚，是因为把精力都放在工作上了，能谈谈具体情况吗？"

"比如周六、日不能休息，比如要处理许多客人提出的问题……"我接着说："六、日不能休息，是必然导致晚婚的原因吗？"

"也不是，其实以前我有个对象，后来和我分手了，这也耽误了结婚时间。"

"那么，结婚晚的原因不完全是因工作很忙造成的，也有自己的一些特殊原因，对吗？"

来访者说："对，对，对。"我用具体化技术澄清了来访者认知边界不清楚的问题，同时启发了他对自己的行为、认知方面问题的思考。

⊙ 心灵解密

经过会谈与测评，初步表明来访者是一个顺从型人格类型的人，其特征是对权威的服从，主动为他人服务，通过这种方式与手段达到自己的目的。

深层心理动机是：我为你服务，是你欠我的。

带着这样的动机与人互动，没有达到内心需求时就有不公平和委屈的感觉。考察来访者的成长经历也可以看出与父母互动的模式，对父母与老师的顺从换来了表扬，长此以来形成了一种固定的行为，逐步取消了个性化要求，自己的需要隐藏在内心深处，现实中总是希望别人会发现自己的需求并满足这种需求。

为别人服务是一种能力的体现，也是自我实现的一种手段，总是一件好事情。如果抱有上述"你欠我的"这种动机则是一种问题了，需要好好反思。现实中如能合情合理地提出自己的主张，树立一个目标，努力地去奋斗追求，协调好同事的关系，是完全可能实现自己的愿望的。

我在与来访者互动过程中，分析了来访者的认知模式，发现来访者存在绝对化的认知偏差。来访者的压力源是同事的升迁。来访者把这一事件解释为不公平，导致了内心焦虑水平的提高。

来访者的思维公式是这样的：正职升迁，作为副职的我必须升迁为正职；没有得到我想要的，于是就焦虑、气愤。

来访者的认知偏差出现在"我必须升迁为正职"的"必须"式的绝对化观念。来访者把"必须"解释为：我付出了，我主动为别人解决了许多问题，我长期周六、日不休息，为工作晚结婚几年，这些都是"必须"的理由。

于是，来访者把自己的注意力全部放在这些"必须"的理由上，再没有闲暇去准确地评估自己，如学历及能力水平、调控组织水平、文字能力、计划能力、部门间横向沟通能力等方面。

偏重于一方面的思维观念是来访者内心焦虑不安、气愤不平的主要因素。

⊙ 解压药方

1. 修改自己的绝对化观念。如"我付出了、我周末不休息、我晚婚了，所以我必须得到升迁"。世上没有谁能发布这样一条命令，必须满足自己想要的。应该修改为具有弹性的观念：自己付出了，努力工作，希望得到领导的重视，得到提拔，如果没有达到自己满足的程度也没有关系，说明自己还有努力的空间。把"必须"改为"希望"，内心的张力就会大许多。

2. 挑战自己的绝对化观念。如"我没有得到升迁，证明我是个彻底的失败者"。首先定义"彻底的失败者"是个什么含义，是整个人失败了，还是某件事没有达到自己的愿望。做好定义，能很好地调整自己的心态。其次，重新组织语义，"没有得到升迁，不能证明我就是失败者，我在其他方面是成功的，如家庭、工作的很多方面都很有成就"。

3. 动机升华。加班加点的付出不只是为升迁，更重要的是为了工作更出色和体验工作的乐趣。

 **解压茶点**

凯利魔术方程式

当职场压力来临的时候，要克服压力事件的负面影响，可以借助凯利魔术方程式。凯利空调的创始人凯利先生发明了这套流程：

1. 问你自己可能发生的最坏状况是什么。

2. 准备接受最坏的状况。

3. 设法改善最坏的状况。

对于处于情绪中的职场人来说，一般不能迅速地逃脱负面情绪对自己的影响，如果应用凯利先生的魔术方程式，就可以帮助人们用理性战胜负面的感性。

比如，有一个经理接到一个任务，要向即将收购他们公司的领导汇报自己部门的情况。当时，他接到这个任务时候压力很大，因为在公司易主的关键时期，能否得到对方的好感，是直接关系到自己前途的问题。

最后他分析了最坏的状况是：汇报工作时自己因为紧张或者对方对自己部分的工作业绩不满意，他可能被淘汰，在公司其他部分顺利过渡到新东家时自己的部门解散。不过他分析，自己还年轻，专业知识和经验在这个行业中也非常具有核心竞争优势，可以通过人脉关系找到类似的工作。

想到这里，他心里释然了，接下来就是开始分析如何将自己部门的业绩充分表达出来。为了做好展示的PPT，他花费了大量的心思，动用了方方面面的资源。当他最终把自己部门的业绩展示PPT做好后，他对自己的部门越发具有信心了。

经历这样一个过程，他的压力自然就减轻了。

 **现场案例**

奖金被扣之后

赵宏健在一家物流公司做业务调度工作，最近因为工作失误，被扣发了半年奖金。

为此赵宏健十分气愤，找到分公司和总公司领导要求进行重新评判，未果。又找总调度和业务员，要求他们作证是因为单据不清的原因造成的失误，被拒绝。

近日赵宏健睡眠质量极差，后背疼，经常喘大气。赵宏健述说如下事情经过："春节过后，业务员组织一批货物要发往宁波，因为字迹不清，我找到业务员核对。（原先负责的业务员休息，只好问别的业务员）又把原始单据交给总调度确认，均认为是发往宁波。待货物发出后，客户来电催问，才发现货物发错目的地了，应该发往的是宁城。公司费了很大的劲，把发往宁波的货物调回，重新发往宁城，避免了一次重大事故。"

为此，这一事件主要责任人赵宏健被扣发半年奖金。赵宏健说："我很无辜呀，我找业务员和总调度核对了发货单据，他们都说是发往宁波，这个责任不在我，凭什么扣我的奖金呢？"

"这个事件对你意味着什么？"我问。"意味着什么……意味着不公平，意味着我失败了。"

"你评价一下你的工作态度！""我觉得我是个很负责任的

人，工作中追求完美，这次事件让我受不了。"

"你自我评价是个很负责任的人。但最近因工作失误被扣奖金，这与你自我评价相去太远，造成了你内心的冲突，是这样吗？"我问。赵宏健点点头说："这叫别人怎么看我，我一点面子也没有了。"

⊙ 心灵解密

赵宏健的归因方式是一种外归因，目的是保护自己的自尊，也叫基本归因错误，把问题推卸给别人，使自己的内心减少焦虑，如"我与业务员和总调度核对了发货单据，他们都说是'宁波'"。既然别人说是宁波，责任就是别人的了，这样一种归因方式阻隔了自己深入探讨问题的可能，拒绝了在挫折中吸取教训、自我进步的机会。

别人拒绝承担责任，领导又处罚了自己，于是产生了愤怒的情绪，这种负面的情绪向内攻击，导致出现躯体症状：失眠、后背疼等。

接着，我深入到赵宏健的思维结构中指出思维的不合理性。首先，赵宏健头脑中存在着一种绝对化要求，如工作追求完美，一遇到挫折就意味着失败，这种绝对化要求是以自己的意愿为出发点，内心有"不许"和"应该"等绝对化规则，"我应该得到奖金""工作中不许有丝毫闪失""只许成功，不许失败"，赵宏健内心装着这种绝对化规则，使他的思路变窄，心理的限制过多，灵活处理问题的能力降低，一遇到问题，注意力便集中到问题的负面结果上，导致他内心产生严重的冲突。

另外，赵宏健的头脑中还存在糟糕透顶的不合理思维，扣奖金被赵宏健理解为"这叫别人怎么看我，我一点面子也没有了"，仿佛天将要塌下来了。这样的不合理信念容易导致一个人的焦虑、抑郁、愤怒和内疚，也容易造成人际关系的紧张，使自己的内心更痛苦。在咨询过程中，我教会赵宏健面对挫折：寻找一个合理的信念去代替不合理的信念，然后使自己的内心和行为不再焦虑，让自己更加健康地成长。

⊙ 解压之药

1. 与自己非理性信念辩论"这叫别人怎么看我，我一点面子也没有了"。这是一个非理性信念，过分地关注别人对自己的评价，现实中容易伪装自己，离真实的自我越来越远。"我一点面子也没有了"存在着绝对化信念和"糟透了"的想法。合理的信念是这样的：我这一次失误给公司造成损失，别人对我有批评之言在所难免，但他们不会全盘否定我，今后的工作我会更加努力，为公司做出贡献，相信能得到上级领导及同事们的好评。换成这样的合理信念，会增加前进的动力，也能帮助自己从内心的困扰中迅速地走出来。

2. 经常做一些体育锻炼和放松性训练，使自己紧张的情绪平静下来，以便有机会从另一个角度重新审视问题。

3. 用语言描述发生的事情，找出不合理的关键词并修改它，例如：这件事的发生"意味着我失败了"，这是一句高度概念化的思维，否定了自己的全部，如果把"败"改为"误"，就是"意味着我失误了"。失误还有改变的可能，还有进步的机会，它不像失败

177

来得那么激烈而没有余地。

人在职场上会有各种失误，要学会面对失误，总结经验，准备进步，而不是一味地指责别人或指责自己。所以，建构一种合理性信念是职业发展和心理健康的重要保障。

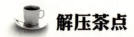 **解压茶点**

静坐默想法

静坐默想法是古代的瑜伽行者和禅师们经常使用的修身养性的方法。现代研究也发现：静坐可以降低焦虑，增加自己的内控程度，促进自我实现，改善睡眠状态，在面对压力时有更多的正面感受。

简单来理解静坐默想法就是重复某个音节、某个单词或者某一句话，或以一个固定物体为思想的焦点。当你内心考虑问题时，就不再会产生焦虑、害怕和怨恨了。

这个方法比较简单易学，并且任何地方都可以进行。静坐默想法的方法按照如下操作即可：

找个安静而舒适的环境，坐在一张直背的椅子上，让屁股顶着椅背，双脚略为前伸，超过膝盖，手放在扶手或膝盖上，尽量让自己的肌肉放松。闭上双眼，吸气时心中默念着"1"，吐气时则默念着"2"，不要故意去控制或改变呼吸频率，要很规律地吸气、吐气。

每天最好静坐两次，每次20分钟，静坐前避免饮用食物。静坐时，头不要垂下来，轻松地保持直立或靠在长背的椅背上。静坐次数多了，会形成20分钟的生物时钟。不要用闹钟，当你知道自己分心时，就回复到吸气时默念着"1"，呼气时默念着"2"的状态，因为很多人急着想要赶快结束静坐或者还在静坐时就开始思考问题。请尽量放轻松，等静坐完，再去面对问题，这时压力已减轻许多。静坐完毕时，要让你的身体慢慢回到正常的状况。先慢慢地睁开你的双眼，看着房间中的某个定点，再慢慢看向其他地方。然后做几个呼吸，伸伸腰。站起来后再伸伸腰。要慢慢站起来，否则可能会觉得疲倦，或有不放松的感觉。

 现场案例

这个职业值不值得做

小陈是一家洗浴中心的收银员，时常有客人口出不逊，小陈还得赔着笑脸忍耐，使小陈倍觉有失尊严，想辞职，但为了生计还是得忍耐，内心十分痛苦。

小陈敲开了咨询室的门，坐在我的对面。"我今天主要想跟您聊聊我工作上的问题。""好啊，我们一起探讨。""我是一家洗浴中心的收银员，经常有客人因对洗浴过程的不满意，到交费时把气就撒在我们这里，时不时开口大骂，我们还得忍耐。真觉得人生特失败，一点尊严也没有。一生气时就想辞职不干了，可转念再想，收银员好歹也是个工作，也可以挣钱补贴家用时，就把气给压下去了，但总觉得低人一头，天天过着没有尊严的日子。"

我问道："挨骂的事情是经常发生的吗？""不是。""不是经常发生的事，你把它看作是经常的事、必然发生的事，这样你便觉得压力加大，自尊下降，抑郁情绪上升。"

⊙ 心灵解密

小陈有比较严重的自卑情绪，内心总觉得低人一等，所以他有强烈的自尊要求，以掩饰自卑。

所谓自尊，是对自我的概括性评价，自尊对思维、情绪和行为都有强烈的影响。大多数人在生活或工作中都会尽力维护自尊，尤其是自我评价比较积极的人，不但会恰如其分地维护自己的自尊，也会维护别人的自尊。

小陈对自我的评价比较消极，自我认可度较低，他内心的关注必然针对客人的态度，一旦有人出口不逊，小陈的自尊心便受到打击。

因为小陈的性格特质，造成小陈接受外界信息时会有所选择，而且只选择对自己有负面影响的事件进行关注。比如今天有客人跟他吵闹了，他就觉得自己低人一等，过着没有自尊的日子。这是一种消极评价，长期累加这种评价便会使自己的情绪和行为日益消沉下去。

小陈在认知上也存在一些问题，比如"觉得人生特失败，一点尊严也没有"。这样的认知过分概括化和绝对化。人生无论如何是不会失败的，能活到现在就是生命的成功。自己认为的失败只是在某一件事情上，而不是全部人生。"一点尊严也没有"是说全部尊严都没有了，这也不是客观现实，客人表达他的不满并没有要摧毁你的尊严。"一点尊严也没有"只是自己的感受，是自己在伤害自己。

小陈在冲突中反应的面过窄。扩大反应面包括了解客人的问题所在，了解什么样的人才如此粗鲁，了解采用什么方法才能化解眼前的问题，了解客人在应激状态下口出狂言并不是客观真实的反应等，小陈只盯在"客人态度不好，我就受伤害"这样一个反应模式上，走不出这个模式，就很容易受到伤害。

⊙ 解压之药

建立积极的自我评价模式。乐观地看待问题，要永远接纳自己，适应环境。不要立马消除自卑情结，可以把自卑情结看成是前进奋斗的动力。通过你自己的努力工作得到好评，自卑情结就会得到补偿。

另外，还要进行自我职业生涯设计，安排好职业生涯规划，弄清自己的能力有哪些，职业生涯的发展方向在哪里，欠缺的能力是什么，需要什么样的职业资格证，这样可以给你一个明确的方向。有了明确的方向就不会在前进过程中因一些障碍而消沉。

最后，要调整认知。本案中小陈存在过分概括化认知错误，建议使用垂直下降技术检查藏在心灵中最底层不合理的信念是什么，以便纠正：比如收银时被客人骂——意味着什么——不尊重我——意味着什么——看不起我，没尊严——意味着什么——人生失败。小陈的思维路径如上所述，走的是一条不真实而歪曲的路。被客人骂是因为客人那里出现了问题，解决客人的问题，维护客人的自尊才能体现服务的高标准，这是企业文化的体现。跟自己的人生失败与否一点边也不沾。这样的思考方式会使自己走出自我设置的泥潭，自我挫败和抑郁情绪便会降低，以明朗向上的心态做好服务工作，会得到积极的回馈，就会有一种自我实现的高峰体验。

 解压茶点

运动减压

所谓运动解压，就是通过锻炼身体，使全身发汗，进入一种忘我的状态，以达到排压和调节心情的效果。

运动之所以能缓解压力，让人保持平和的心态，与腓肽效应有关。腓肽是身体的一种激素，被称为"快乐因子"。当运动达到一定量时，身体产生的腓肽效应能愉悦神经。适当的运动锻炼，还有利于消除疲劳。

通常说来，有氧运动能使人全身得到放松。想通过运动缓解压力，可以参加一些缓和的、运动量小的运动，使心情先平静下来，如跳绳、跳操、游泳、散步、打乒乓球等。运动时间可控制在每天半小时左右。

需要注意的是：尽量不要带着太大的压力和不良情绪去锻炼，在锻炼中思绪杂乱，注意力不集中，反而会影响锻炼的效果。比如有人刻意去做一些激烈的、运动量大的运动项目，认为出一身大汗，压力和不良情绪就会全部释放出来。其实效果恰恰相反，这种激烈且大运动量的锻炼，不但会造成身体疲劳，加上原来紧张的精神，压力不但排解不了，情绪反而会更坏。

为了达到放松身心的作用，可以选择自己喜爱的、能产生愉悦感的运动。运动完毕后要及时洗浴，防止感冒，运动时间不要过长，避免过度疲劳或兴奋。

 **现场案例**

如何安度职业倦怠期

翟先生是位40岁左右在事业上比较成功的男士，他在一家研究机构工作，每天进行大量的数据分析，同时还要深入工厂对产品进行测试。

"韩老师，我觉得心好累啊！"

"这种情况持续多长时间了？"我问道。

"已经有一年左右的时间了，我工作很忙，我也很喜欢这份工作，工作性质是研究室与工厂来回跑。经常为了一个数据分析，要一直工作到凌晨，回家后思绪停不下来，总是想着工作。最近一段时间，情绪很坏。回家后也不顺心，跟孩子吵，跟老婆吵，吵来吵去，婚姻也出现了状况，上个月妻子突然对我说：我们能不能找找吵架的根源，这样吵来吵去对谁都是伤害，如果还吵下去，是应该考虑结束婚姻了。我一听这话，更气了，我总觉得妻子不理解我。"

我仔细听着翟先生的诉说，不时地与翟先生进行心灵的互动，翟先生的心灵地图慢慢地在我面前舒展开来。

⊙ 心灵解密

翟先生认为一件事没有做好就是个人价值的极大损失；最安全的环境就是把工作做得完美无缺；作为妻子就应该理解丈夫，给丈夫安慰。翟先生的所作所为其实是满足内心的安全感。他内心存在着巨大的恐惧，来源于父母对他的教育方式，从小就被要求谨慎、服从和成绩第一。

翟先生工作后成绩优秀，业绩突出，而后随着新产品的推出，翟先生必须拿出科学的数据，必须为产品的质量负责，巨大的压力激活了翟先生压抑在心底的恐惧感，为了战胜恐惧感，翟先生必须更加积极主动地投入工作，于是翟先生不分昼夜，满脑子都是研究数据。当他发觉妻子对他的所作所为不满时，他心生怒火，把气撒在妻子与孩子身上，以此转移在工作中的不顺利。

经过咨询，我发现翟先生的潜意识里有把妻子当母亲来对待的要求，认为妻子应该理解自己，安慰自己，给自己以信心，就像当年母亲在他遭遇挫折时来安慰他一样。妻子不是他的母亲，也没有像母亲那样安慰他，于是更加重了翟先生的怒气。矛盾与问题起因于工作，在家庭中逐级上升，甚至婚姻出现了裂痕。

在与翟先生的咨询过程中，我发现翟先生的"心好累"是属于

"工作倦态"的表现，已经表现出思维效率降低、情绪烦躁、迁怒家人、自我评价下降、对他人不信任、充满批判性等现象。翟先生性格中的完美倾向、敏感等因素，导致他对工作过于追求预置的期许，而忽略了自己的心智和身体的承受能力。

⊙ 解压药方

针对职业倦怠问题，第一，要充分认识、了解自己，知道自己的职业需求，做到原谅自己，不十分苛求，必要时给身心放一下假。第二，建立必要团队，有计划地分解职业压力；第三，一种有效的个人支持系统即维护良好的人际关系；第四，经常性地锻炼身体，每天做渐进式的放松训练；第五，做好精力管理，有效地控制好工作频度；第六，利用好时间，注意时间分配，做到劳逸结合，不同的时间内扮演好不同的角色。

针对婚姻问题，首先要认识到夫妻关系是一种特殊的人际关系，有关沟通、共情、理解，同样适用夫妻关系中。另外，要修正自己被扭曲的认知，即"读心术""应该"式的思维，如"我工作很累，妻子应该理解我，孩子不应该让我生气"等。调整好认知和情绪，营造温馨的家庭气氛，有助于缓解职场压力。

经常性调整自己的心情，才能保持良好的心境，从而更好地发挥自己的工作能力，承受一定的压力。压力是动力，压力过大需要卸载，正如能力与所担当的职位相匹配时，心情才能轻松愉快；能力与工作要求差距太大，则需要调整能力或改变职位，卸掉那部分自己不能承受的负担，恢复愉快的心情，身心才能更健康。

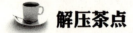 **解压茶点**

鹰的重生

当一只雄鹰展翅翱翔在天空中，我们往往都会羡慕它的潇洒、自由和霸气，"鹰击长空"更显示了鹰的豪迈气质。

鹰是世界上寿命最长的鸟类，它的年龄可达70岁。

要活那么长的寿命，它在40岁时必须做出困难却重要的决定。这时，它的喙变得又长又弯，几乎碰到胸脯；它的爪子开始老化，无法有效地捕捉猎物；它的羽毛长得又浓又厚，翅膀变得十分沉重，使得飞翔十分吃力。

此时的鹰只有两种选择：要么等死，要么经过一个十分痛苦的更新过程——150天漫长的蜕变。它必须很努力地飞到山顶，在悬崖上筑巢，并停留在那里，不得飞翔。

鹰首先用它的喙击打岩石，直到其完全脱落，然后静静地等待新的喙长出来。鹰会用新长出的喙把爪子上老化的指甲一根一根拔掉，鲜血一滴滴洒落。当新的指甲长出来后，鹰便用新的指甲把身上的羽毛一根一根拔掉。

五个月以后，新的羽毛长出来了，鹰重新开始飞翔，再接着度过30年的岁月！

⊙ 受挫时的心理自我调节

1. 争取反败为胜。棋圣聂卫平并不是常胜将军。他最初和日本名将们对弈时，可以说是连战连败。但是，他把因多次失败窝在心里的所有火气，全化作了一句话："我要翻本。"这话听起来不像豪言壮语，倒像赔了生意的小贩的诅咒。但它集中体现了聂卫平的失败观：失败了，没什么了不起，我要反败为胜！这是在失败受挫时的一种最积极的心理自我调节。失败而不气馁，从失败中吸取教训，找出失败的原因，鼓起勇气，迎接新的竞争。采取这种态度，失败就不再是坏事，而是好事了。孟子说："生于忧患，死于安乐。"人只有经常地遭受挫折，遇到困难，经常处在忧患中，才能认识到生活的艰辛，才有进取的动力。如果永远一帆风顺，高枕无忧，耽于享乐之中，生活就没有生气，就失去了生命力，实际上已是"气数衰竭"了。

输了而不服输，失败了而要"翻本"，这是重要的，但还不够。要反败为胜，必须以卧薪尝胆的精神，经过努力，弥补漏洞，增强实力，才能在未来重新抓住机会。

2. 积极的自我暗示。鲁迅笔下的主人公阿Q是一个在失败时很会作心理自我调节的人物。明明是他被假洋鬼子打得落花流水，落荒而逃，他却口中念着"儿子打老子"，摆出一副得胜回朝的样子。人们不免把阿Q看成一个可悲而可笑的人。但是从心理卫生角度来说，阿Q的这种精神胜利法却是一种很好的心理自我调节术。它就是心理疗法中的自我暗示法。

自我暗示，就是自己用内部言语或观念、想法向自己发出劝慰、指示、命令，来制止或减弱已产生的不良情绪、偏常行为等心理障碍。自我暗示时用什么样的内部言语、观念和想法是非常重要的。阿Q挨了打，本来是令人沮丧的事，但是经过他的自我暗示，他从挨打者变成了"老子"，于是挨打的含义发生了变化，使他从失败者变成了胜利者，因此免除了挨打的苦恼。有的中学生在高考落榜后这样自我暗示："胜败乃兵家常事，一帆风顺的事是很少的。没考取不重要，重要的是我参加了竞争，我没有碌碌无为地生活。况且，逆境出人才，'塞翁失马，焉知非福'，也许这次没考上，预示着我有一个更光明的前程呢！"经过这样的自我暗示，他就不会把落榜看成是丢人的事，不会把周围人的评价看得过重，因而也就不会感受到巨大的心理压力。

3. 重新确定目标。成就动机总是要达到一定的目标，而失败则总是以目标和抱负没有达到为标志的。在这种情况下，不仅需要聂卫平式和阿Q式的情绪自我调节，而且还需要理智的自我调节。重新评价、解释和确定目标，就是理智自我调节的一种方式。

重新评价目标，就是要根据自己最初制订的计划和目标没有得以实现的现实，分析最初提出的目标是否过高，是否超过了自己的可能性，或是否条件不成熟、时间不够等。通过分析，再做出修改目标、使目标延期或放弃目标的决定，实际上就是确定新的目标。例如，原来决定报考某重点大学，经过一年努力，分数没达到，那么，在第二年再作争取时，就要考虑这个目标是否过高。这种重新确定目标的过程，实际上是一种在个人水平上的目标管理。对目标的论证、修订、转化工作不但应发生在失败受挫之后，而且应做在失败之前，在最初制订目标的时候，就应预见到目标能否达到的可能性。

4. 宣泄。在失败受挫之后，人们常会产生沮丧、郁闷、灰心、愤怒等不良情绪。这些不良情绪若长期积压在心中，会形成所谓情绪"固结"，导致心理疾病。宣泄则是通过创造情境，使受挫者自由表达情感，力求达到解除压抑作用的精神治疗方法。通过宣泄，人会感到一种一吐为快的舒畅感，恢复正常的理智状态。例如，美国心理学家梅奥主持的一项著名的霍桑实验中，采用个别谈话方式，让工人发泄对工厂管理当局的不满和抱怨。研究人员只是洗耳恭听，详细记录。经过上万人次的谈话以后，霍桑工厂的产量大幅度上升。这是因为大多数工人自由地说出了他们对厂方的不满，而厂方根据这些意见，对福利、工作条件、工资等加以改进，工人心情舒畅，工作效率自然就会提高。

日常生活中的自我宣泄，还可采用当着亲人、好友大哭一场，向知心人倾诉衷肠，到荒郊野外大声歌唱等方法。当然，这些方法的前提是不能给自己和别人的身心造成伤害。

5. 自我放松训练。在因失败而感到情绪压抑的时候，可采用自我放松训练来解除压力。大量的研究证明，长期精神压抑，肯定会对身体产生不良影响。它可能导致胃溃疡、支气管哮喘、皮肤过敏、高血压、头痛等疾病。所以，在失败受挫之后，如果感到精神有压力，不可掉以轻心，而应采取各种心理自我调节方法来摆脱压力。

第 *6* 章

打造美好的职业
发展之路

无论是新入职场的年轻人，还是已经在职场奋斗了多年的职场老人，有一个清晰的职业规划才能少走弯路。职业规划就像一张地图一样，是我们职场的指南。如果你自己都不知道自己适合做什么，想要什么，那么，你如何能在职场上快乐生存呢？因此，职业规划是职场生活的重中之重。

走出职业"迷茫症"

纵观一个人的职业生涯，至少有四个时期容易陷入"认不清发展道路"的职业迷茫之中，各位读者可以对号入座，看看是否自己有过这样的迷茫和困惑：

第一个时期是14～22岁，这个阶段的人承担着学生与求职者的双重角色。主要的疑问是：我是谁？我能做什么？迷茫的主要原因是缺乏自信和社会经验。其实自己是谁，能做什么，没有实践经验而光去空想是没用的。脚踏实地地抓住身边的机遇去做就是了，慢慢就会形成"你"，慢慢也就知道了自己能做什么。

第二个时期是22～28岁，这个阶段的人已进入工作领域，逐渐了解社会，建立了初步的人际关系网。工作一段时间后，开始重新衡量身边的一切，如工作环境、职业种类、待遇等与自己的"职业梦想"是否匹配。主要疑问是：理想与现实不相符，我是否要重新选择？迷茫的主要原因是个人的发展目标与单位的现状、提供的机会等不一致。这时候关键要克服的就是恐惧，要有重新定位自己的胆略。

第三个时期是28～35岁，这是个人职业发展的重要阶段，这个阶段的人已积累了较丰富的经验，其才能得到了一定的发挥，正为提升或进入其他职业领域打基础。主要的疑问是：为什么这么多年我一直无所成就？迷茫的主要原因是工作中的挫折及对目前工作的不满。有一句话说得好：改变自己能改变的，适应自己不能改变的。这时候需要有智慧来区分这两者。

第四个时期是35～45岁，这个阶段的人开始重新衡量所从事事业的价值，是容易发生职业生涯危机的阶段。其主要疑问是：接下去的岁月我应该做些什么？之所以迷茫，是因为这个阶段的人有了丰富的人生阅历，对人生的有限与世事的无常有着较深刻的领悟，所以对将来何去何从难以贸然决定。

人在不同的人生阶段会有不同的目标和需求，在职业遇到迷茫时，需要弄明白自己内心最重要的东西是什么。这需要冷静的分析和对自己、对形势的客观判断，还要有克服目前暂时困难，争取美好未来的勇气、信心与决心。

频繁跳槽带来的恶果——应激反应综合征

身边有很多这样的朋友，他们因为各种理由而频繁跳槽，有甚者，一年就换了四个工作，总感觉"工作不满意"，下一个工作似乎"更适合我"。

确实，人一辈子不必非在一棵树上吊死，也不大可能一辈子只做一件事。但是，这样频繁跳槽就是合适的吗？这对我们的职业发展之路将有着怎样的影响呢？

跳槽者可分为三类人：一类人是对自己有了明确的定位，并且做好了应对新工作必要的筹备工作，也做好了迎接新挑战的准备，这类跳槽者属于理性地选择换工作；另一类人是在公司的大势已去，形势在向不利于自己发展的方向发展，不得不考虑跳槽，这类跳槽者属于迫不得已；还有一类人，不是因为工作不好，而是出于"习惯"——就想换个工作环境，这类人本身不明确自己的个人定位和人生目标，稍有不顺心，就盲目地频繁地跳槽，属于非理性跳槽者。

最后一种跳槽者往往越跳槽越郁闷，甚至因此生活在焦虑、抑郁的状态里，最终患上"应激反应综合征"。

莉莉自从大学毕业已经有两年了，两年来，她先后换了四个工作，最终如愿以偿，进了一家知名的4A广告公司。在进入公司前，莉莉发誓一定要做满三年，绝不跳槽。

但是，刚进入公司两个星期，她发现自己梦想的地方也不过如此，于是，心神不定的老毛病又犯了，工作也提不起兴趣，也无法和同事们打成一片。

慢慢地，莉莉过去熟悉的感觉越来越多地出现了，她越来越力不从心，以前的自信心正一点一点地被一种厌恶的、想逃离的冲动蚕食。她的身体也越来越差了，失眠、出冷汗、记忆力也下降，心情变得烦躁不安。

一些本来以前很容易就能做的事情，现在也感到困难，团队里谁出了小错，以前她会毫不在意，但是现在却越来越容易变得难以容忍。

她对工作越来越倦怠了，有时在办公桌上盯着电脑发呆，一种逃离的冲动在体内不断涌起又被她压抑下去，她对未来也充满了困惑：即便是辞职了，我再找一个工作，会不会也变成现在这样？

莉莉来做心理咨询，想知道自己该不该辞职，其实，她自己也意识到了自己已经进入了一个强迫性的循环中。如果这个循环不打破，那么她会总是处于这种"寻找——厌倦——逃离"的旋涡中。

职场上，换工作像家常便饭一样不足为奇，像莉莉这样的频繁跳槽者都有一个共性，即都是不同程度地受应激反应综合征的影响。

应激反应综合征与现代社会的快节奏有关，更与长期反复出现的心理紧张有关。应激反应综合征是伴随着现代社会发展而出现的病症，直到近些年才受到世界各国的注意。这种病不仅与现代社会的快节奏有关，更与长期反复出现的心理紧张有关。如因怕被解聘、怕被淘汰、怕不受重视，不得不承受工作、生活压力和心理负担，再加上家庭纠葛和自我期望过高，导致失眠、疲劳、情绪激动、焦躁不安、爱发脾气、多疑、孤独、对外界事物兴趣减退、对工作产生厌倦感等，则是应激反应综合征的先兆。

国外有关专家调查后认为，应激反应综合征在企业管理人员、大中学老师、驾驶员、具有A型血的人中比较多见，其中又以心理素质较差和不善于自我心理疏解的人更易罹患。白领人士由于社会竞争加剧、生活节奏加快、工作紧张，以及自身期望过高导致整天像机器人那样拼命；有些则由于情感纠葛多，婚外恋、家庭矛盾突出，也比较容易罹患此症。

再就是如上文中提到的莉莉一样，频繁跳槽，到新环境后不能马上融入的人群也容易为"应激反应综合征"所困扰。应激反应适当，对机体有益。一旦超出机体能够承受的极限，将会造成病理性损害。

盲目跳槽会使人越来越孤僻，不爱与人交往，总是用灰色的眼光看待外界的一切，凡事总易从悲观、消极的角度去思考。目前，像莉莉这样的症状正在白领阶层蔓延。

很多上班族，尤其是刚入职场的年轻人，往往抱着"下一个工作会更好"的心态，一旦遭遇挫折，就认为自己是怀才不遇，在非理性状态下，很容易产生另谋高就的念头，于是，他们视跳槽为最好的解脱办法。

那么，我们该如何应对这种情况呢？就像在地震前必有预兆一样，在染上心理疾病之前，或多或少也会有一些先兆症状。

例如，睡眠时间减少了，睡的质量也差了；话题总是围绕着工作情况，但言谈中充满着忧虑的语气；对于别人的规劝，虽然能暂时听从，但不一会儿又会恢复原状，整日唠唠叨叨，使倾听的人由刚开始的同情转为厌烦；自感"恐怕我胜任不了此工作"，产生了跳槽的想法。

当这些先兆出现时，我们如果尽快进行必要的心理调适是可以缓解这个问题的。

⊙ 先评估一下自己想跳槽是否出于理性

内心在升腾起"我不想在这里做了，我要换工作"的时候，请试着让心跳放慢，冷静地思考一下跳槽的利弊得失，以及自己的职业理想是什么，不要逞一时之气，而盲目地、急躁地跳槽。

⊙ 考虑自己的心理承受能力

除了评估下一个工作更适合自己的职业理想之外，还要考虑自己的心理承受能力，不能光看到经济效益，更应该考虑到可能会遇到哪些新的困难。

⊙ 找好友倾诉

心中郁闷，压抑久了，既解决不了问题，还会给身心都带来更大的损害。此时，可找一些信得过的亲朋好友，向他们倾诉自己的内心不悦。一吐为快后心里就会舒服很多，这在心理治疗中称为"宣泄法"。

⊙ 工作目的不能只盯在钱上

很多人换工作是因为下家比上家给的薪水更多。诚然，金钱是衡量一个人价值的一种手段，但这也不是绝对的，如果整天想的都是金钱和待遇，总是拿此与老板讨价还价，最后损失的还是自己。只有努力提高自己的能力，为公司创造更高的价值，自己的待遇肯定会提高上来的。

⊙ 不能急于求成

一个人的能力是逐步积累起来的，只要坚持不懈，最终会一步一步爬上高位。在工作中，暂时得不到认可不要紧，重要的是始终如一地认真对待自己的工作，不要见异思迁，总认为新的就一定比旧的好，如果自己的能力不提高，到哪里都不会得到重用。

⊙ 求助心理咨询

如果自己实在无法调节，可以寻找专业的心理咨询机构帮助自己。预防"应激反应综合征"，必须提高自身的心理健康水平。健康的心理模式应该是具有弹性的，能够根据外界的变化做出相应的调整。由于家庭、环境的不同，每个人的心理模式都不一样。心理素质差的人其心理模式存有盲点，心理医生可以协助来访者找到他的盲点。

如果工作中遇到了挫折，跳槽不是一个解决问题的好办法，那是万不得已才做出的选择。其实，很多问题都是由于沟通不畅造成的误解。如果我们注意沟通方式，工作兢兢业业，事事为公司着想，老板自然会给我们合适的位子和待遇。

更何况，跳槽到一个新的环境，我们需要一切重新开始，而自己以前拼搏所赢得的认可、专业知识和积累的资源，都会随着跳槽或者改行而流失。结果，越换工作，越心存不满，资历也无从积累。而当你再回首，看看当初同时入行的同事，早已拥有稳固的社会地位了。如果没有明确的职业理想，还不如致力于眼前的工作，找到工作中的兴趣和价值感，这样，或许更具有现实意义。

如何对工作再燃激情——职业枯竭症

工作多年后，大家都可能对目前所从事的职业失去兴趣，对自己的职业生涯感觉迷惘，出现才思枯竭的情况，心理学家称之为"职业枯竭症"。

所谓职业枯竭，是指在工作重压之下的一种身心疲惫的状态。1961年，一本名为《一个枯竭的案例》的小说在美国引起轰动，书里描写了一名建筑师因为工作极度疲劳，丧失了理想和热情，逃亡到非洲原始森林。从此，"枯竭"一词便进入了人们的视野。1974年，美国精神分析学家Freuden Berger首次将它使用在心理健康领域，用来指工作者由于工作的巨大压力、持续的情感付出而身心耗竭的状态。

日益加剧的竞争和超负荷的工作量，使职场变成了"战场"，不少人刚参加工作时踌躇满志的冲劲渐渐被抱怨所取代。北京师范大学心理系许燕教授在自己《职业枯竭与心理健康》的报告里说，人们——特别是中青年人——对自己长期从事的职业，会逐渐丧失创造力，并且伴随着价值感的降低，越来越感到身心俱疲。

殷路在一家公司做财务部经理，工作上经常受到上司的表扬，家庭也很美满，这一切看来都很好，但是背地里他却常常失眠、难受。殷路知道自己是心理压力过大，这几天来，他反复地想，自己做了十多年差不多同样的工作，却感觉不到进步，要转行又舍不得放弃积累多年的资本。殷路性格较内向，没有什么知心的朋友可以给自己参谋参谋，想和家人沟通又怕家人过于担心，结果自己越来越烦恼，对自己的职业生涯感觉更加迷茫，导致最近工作总是心不在焉，还出了差错。最后，他只好来求助心理咨询师，请咨询师帮他分析自己是否应该转行到自己喜欢的职业上去。

身居高位的私企老板们也是容易遇到职业枯竭症的人群之一，由于工作压力大，长期重复同样的工作，一些私企老板也会对自己的工作和事业产生厌烦，甚至会产生暴力倾向。

刘涛二十几岁时就从国企辞职，创办了自己的公司，一直以来，公司的业务进展顺利，在业内有了一定的影响，可是最近一段时间以来，刘涛突然觉得自己的工作特别没有意思。他讨厌听到人们谈生意的声音，听到下属们说要签合同就会特别暴躁、易怒，而对于生意上的应酬更是觉得厌烦无比，但是这是他的工作，他又不能不去面对这些事情。不久后，他开始变得孤僻，喜欢一个人待着，玩手机，不愿意搭理旁人，甚至不想回到他的公司，而他的家人每次和他说话都要小心翼翼，不敢和他谈论任何和生意有关的事情。

女性中的"白骨精（白领、骨干、精英）"比男性更容易患上职业枯竭症，她们所面临的压力比男性更大。因为女性职业经理人不仅面对工作压力，同时还要担负着感情、家庭的压力，她们遇到职业枯竭症时反应会更大、更严重。

从行业上讲，"职业枯竭"有其特定的高发人群，据国际心理学大会的资料显示，这些高发人群主要包括助人工作者、工作投入者、高压力人群以及自我评价低者。作为心理从业人员的心理咨询师，因其工作的助人性质，反而是最容易患职业枯竭的行业，占总比重的40%；其次是教师，占20%；此外还有新闻工作者、警察和医护人员等。

每年的2月、3月是辞职的高峰期，第13个月的薪水已经发放到人，姗姗来迟的年终奖也终于打到卡上，"熬下去"的动力已消失，而新的工作指标又排山倒海一样涌来，刚卸下一年的重担，马上还要面临新一年更大的压力，这让很多人顿生退意：我这样为公司丧失自我值不值？我的职业生涯，是否该有个停顿了？这个时候，一定要理性再理性！

国内多所高校的专家在2007年共同进行的一项调查显示，目前职业枯竭症已成为工作场所流行的心理性困扰问题，中国公司中20%的员工处于职业枯竭状态。

你的热情、潜能和才智，似乎统统"休眠"了，它们是永远睡去了，还是仅仅在假寐？先来做个小测试，看看你是否患上"职业枯竭症"。

1. 做事总是患得患失，难以控制自己的情绪。

2. 最大限度忍耐工作压力，经常加班加点。

3. 然而，精神集中的能力越来越差，觉得效率越来越低。

4. 烦躁不安，频繁上厕所。

5. 年纪轻轻，记忆力已经衰退，伴随脱发增多。

6. 超时工作，睡眠不足，且常常失眠。

以上诸条，"是"或"否"二选一。"是"选中的次数同职业枯竭症的感染程度成正比。

即使是"职业枯竭症"找上了你，也不必着急，有滋补方法能为你唤醒工作的"第二春"，唤醒你的灵气与潜能：

1. 找一个发泄压力的渠道。长期做同样的事情，积累到一定时间后会遭遇职业枯竭症，没有新的灵感，没有新的东西补充，自己会觉得更加没有进步，这就是人们常说的瓶颈，把压力发泄出来，找到一个好的渠道，然后再重新出发，很快就会找到自己前进的方向。

2. 以不变应万变。职业枯竭可能是间歇性的，在一件事情的某

个环节打不通时，你会觉得自己很失败，什么事情都做不了，但是当
这个环节迎刃而解时，你又会觉得这一切都是美好的了，你对你的工
作又重新充满了希望和激情，因此，静观其变也是一种好的对付职
业枯竭症的方法。

3. 寻找伴侣支持。越是在婚姻内部崇尚独立的夫妇，各自面临
"职业枯竭感"的可能性越大。在职场上，位置越高压力越大，越
应该从伴侣那里寻求支持。如果伴侣一方可以支持一阵子，不妨先
放下工作，充电学习一段时间，再找准方向开始工作。

4. 树立"为自己而工作"的信念。作为易感人群的女性"白骨
精"，更应该认清自己的价值所在，自己不是为了家庭、别人而工
作，不要用外面的价值观来判断自己，应该为自己而活，必要时重
新对自己的生活、职业进行规划。

5. 做一些帮助弱者的慈善工作。在假期时，完全可以找寻一些
富于挑战性的新鲜事情来做，例如，成为聋哑学校的短期辅导员，
或成为社会福利院的义工。有一位萌生退意的女性高管，在聋哑学
校做了两天义工后忽然觉得她所面临的困境都是可以克服的。"在
这世界上，有人拿我二十分之一的薪水在做挑战性更大的工作，比
如，教会聋哑儿童说话、唱歌，我这点困难与之相比就算不上什
么了。"

6. 换一种活法。换一种活法是治疗职业枯竭症的一个好办
法，在面对职业枯竭时，可以转移自己的注意力，在条件许可的情
况下，可以去旅游，或者休息，或者另外去做一份自己喜欢做的工
作，重新开始，这样对自己的身心健康都有很大的好处。

心理测试：最适合你的职业是什么

也许你现在所从事的职业并不是你喜欢的，也不是你所渴望的，甚至你根本不知道自己适合什么样的工作，什么样的工作才是最适合你的呢？跟我做个测试，马上就可以知道自己想要什么样的工作。

问题：如果有机会让你到以下六个岛屿免费旅游，你最想去的是哪个？

A. 岛上居民个性温和、十分友善、乐于助人，社区均自成一个密切互动的服务网络，人们多互助合作，重视教育，弦歌不辍，充满人文气息。

B. 岛上人迹较少，建筑物多僻处一隅，平畴绿野，适合夜观星象。岛上有多处天文馆、科博馆以及科学图书馆等。岛上居民喜好沉思、追求真知，喜欢和来自各地的哲学家、科学家、心理学家等交换心得。

C. 岛上的居民热情豪爽，善于企业经营和贸易。岛上的经济高度发展，处处是高级饭店、俱乐部、高尔夫球场。来往者多是企业家、经理人、政治家、律师等，衣香鬓影，夜夜笙歌。

D. 岛上建筑十分现代化，是进步的都市形态，以完善的户政管理、地政管理、金融管理见长。岛民个性冷静保守，处事有条不紊，善于组织规划。

E. 岛上充满了美术馆、音乐厅，弥漫着浓厚的艺术文化气息。同时，当地的原住民还保留了传统的舞蹈、音乐与绘画，许多文艺界的朋友都喜欢来这里找寻灵感。

F. 岛上保留有热带的原始植物，自然生态保持得很好，也有相当规模的动物园、植物园、水族馆。岛上居民以手工见长，自己种植花果蔬菜、修缮房屋、打造器物、制作工具。

答案分析

选择A：社会型。喜欢的活动：帮助别人，喜欢与人合作，热情关心他人的幸福，愿意帮助别人解决困难。喜欢的职业：教师、社会工作者、牧师、心理咨询员、服务性行业人员。

选择B：研究型。喜欢的活动：处理信息（观点、理论），喜欢探索和理解，研究那些需要分析、思考的抽象问题。喜欢独立工作。喜欢的职业：实验室工作人员、生物学家、化学家、社会学家、工程设计师、物理学家和程序设计员。

选择C：企业型。喜欢的活动：喜欢领导和影响别人，或为了达到个人或组织的目的而善于说服别人。希望成就一番事业。喜欢的职业：商业管理、律师、政治运动领袖、营销人员、市场或销售经理、公关人员、采购员、投资商、电视制片人和保险代理。

选择D：事务型。喜欢的活动：组织和处理数据，喜欢固定的、有秩序的工作或活动，希望确切地知道工作的要求和标准。愿意在一个大的机构中处于从属地位。喜欢的职业：会计师、银行出纳、行政助理、秘书、档案文书、税务专家和计算机操作员。

选择E：艺术型。喜欢的活动：创造，喜欢自我表达，喜欢写作、音乐、艺术和戏剧。喜欢的职业：作家、艺术家、音乐家、诗人、漫画家、演员、戏剧导演、作曲家、乐队指挥和室内装潢人员。

选择F：实用型。喜欢的活动：愿意从事事务性的工作，喜欢户外活动或操作机器，而不喜欢在办公室工作。喜欢的职业：制造业、渔业、野外生活管理业、技术贸易业、机械业、农业、技术、林业、特种工程师和军事工作。

寻找适合自己职业领域的方法

建立令人满意、成果丰富的职业生涯的起点是寻找与个人兴趣相一致的领域。通过上一个心理测试，也许一些读者已经明确了自己想进入的领域或已经在该领域内工作。但是即使你已经确定了职业或专业，你还需要在这个领域中精挑细选。例如，一位会计师可以在会计师事务所、私人企业、政府或教育机构工作。这里我们将介绍八种用来确定职业领域的方法。

1. 父母、亲戚或朋友的影响。"我的叔叔开了一家超市，所以我从小就对零售业很感兴趣。"

2. 阅读与学习。"高中的时候我阅读了一些有关投资的书籍，所以我决定去证券行业工作。"

3. 天生的机遇。"我生来就该当中医。我的家人从爷爷那一辈起就是中医，我从小就被耳濡目染。"

4. 被动的机遇。"在我参军之前，我从未听说过电子学，但他们说我在这一领域有天赋。我非常享受做一名电子技术员的乐趣。退伍后，我应聘了一家公司的机械服务工程师，我做得很棒。"

5. 从咨询与测试中发现。"高中时我参加了一个兴趣导向测试。我的指导咨询师告诉我，我对于社会工作者一类的职位感兴趣。我不知道还能做其他什么工作，因此就决定做一个社会工作者。"

6. 把自己与某个榜样相匹配。一个可以帮助你找到职业领域及工作的间接方法是，首先寻找一个与你兴趣相似的人，然后你把这个人所从事的职业领域作为自己的发展目标。这么做的理由是："我的爱好似乎与这个人大部分的爱好都一样。如果所有条件都相同的话，我很有可能会喜欢他所从事的工作。"

7. 利用职业信息。如果你能获取专业领域的翔实信息，那么常常就能做出明智的职业选择。这些信息可以从职业参考书籍中获取，如《职业展望手册》、计算机辅助的职业生涯指导（许多心理咨询中心都有）、报纸与商业期刊，你也可以与一些你感兴趣的领域内的工作者进行交谈。这样做有助于获取目标领域内处于不同发展阶段的人们所持有的观点。

8. 网上冲浪。与寻求职业信息密切相关的一个做法是上网寻找可能适合你的职业。你可以直接访问一些求职的网站，查看一下可能会吸引你的职位信息。或者也可能在寻找其他信息时突发灵感。比如，你经常在国外网站给孩子购买奶粉时，你会在搜索引擎上查找"海淘"，然后偶然地发现了有关"海淘指导咨询员"的职位信息。

探求适合自己的工作

如果你决定更换工作，建议在你换工作的前几个月里写写日记，把自己目前的情况都记下来。第一，要客观地记述你目前的工作，暂时不做评判。记叙一下你的周围环境、找到这份工作的途径、干了多长时间、公司的编制等。第二，做出你的评论和判断，对你工作中的有利和不利因素做一个评估，看看这些因素对你造成了怎样的影响。第三，问问自己怎样才能将这些不利因素变得更能让自己接受甚至产生吸引力。你可以把实际工作的时间记录下来，包括用来加班的午餐时间，以及在家里为工作着急担忧、冥思苦想花掉的时间。问问自己：你的工作在哪些方面给你带来了自我肯定的感觉？如果明天失业了，你会有什么感觉？

这样的日记会帮助你进一步弄清自己在工作中究竟喜欢什么，不喜欢什么，还需要什么。这种主动思维让你能够后退一步，客观地考虑一下自己的处境。这是更深入地了解内在的你，而不是外在的你，以确定什么对于你是重要的第一步。

这里为你提供五项寻找合适工作的策略：

⊙ 可视性

开发利用网络，多让人们了解自己。让人们知道你对工作的看法及别人对你的工作的评价，不仅对自己寻找新工作有利，甚至可能被猎头公司看中。

⊙市场性

把自己看成商品，保持随时可在市场上出售的状态。如果对来自公司外的信息和线索始终持有开放态度，就不会错过变换工作的机会。

⊙普遍性

专业能力不能太"狭窄"，而要能在其他企业通用。

⊙可靠性

要能够阐明自己的个人业绩。在变换工作时，自己的价值是否得到认可，关键在于你能否说明个人的贡献和业绩。

⊙移动性

要事先做好一切准备，以便随时能够加盟新公司。

上述各项策略相互关联，加以融会贯通，你的选择就会增多。选择的范围越广泛，你的主动性就越高，就不会总是依赖公司。这将有助于你的"个体的确立"。

⊙发挥目前工作的优势

如果你认为目前的工作让你感到失意，却又不想辞职，千万不要失望。你可以做出几种选择：

1. 改变工作内容。不要辞去工作，但应同管理人员商讨一下，争取承担更有意义的任务和角色。

2. 与有关部门协商。协商的内容包括缩短工作时间，实行弹性工作制，分派两名或以上的员工伙计做同一份工作，允许分阶段退休、加班补休或在家里通过计算机为公司工作。

3. 改变制度。与公司的其他同事说说，了解一下他们的感受。若他们也同你一样感到过度紧张，你们可以共同商讨一个解决办法，提交给管理部门或者公司工会。

4. 注意自己的态度。有很多时候我们对工作不满往往并不是因为工作或公司有毛病，而是我们自己的态度有问题。自己对工作的期望是否现实？如果你能在工作以外的环境找到进一步的平衡，也许你会感到自己的工作更有意义。

从爱好中赚取报酬

生活是由许多方面的因素构成的：家庭、工作、个人和社会。孰重孰轻，如何分配时间，你得做出决定。有些人因为工作而放弃了家庭生活，有的人因为过于照顾家庭，而没法在事业上有所追求。如果我们平衡不了这几个方面，都不圆满，你必须学会在其中找到平衡，应该记住的一句话是：有得就有失。有两种办法可使你从个人爱好中获得经济效益：把它变为一项正式职业或变为一项兼职。

小东就将他的爱好变成了一份正式职业。小东热爱旅游，他为自己找到了一份既可以经常旅游，又能得到一份优厚报酬的合适工作：做一名钢琴教师。每逢暑假，他就到全国各地去旅游，连续游了十年。为了攒够旅游的费用，他就将就用一辆旧车，并且没有任何债务。"要我去分期付款买辆新车，那简直不可想象。"他说，"我的生活中心是整个世界，而不是一辆新车。"对于小东来说，最大的问题是如何把旅游由一种个人爱好变为一项工作。

他的导游生涯始于他开设的第一堂公开讲座，内容是如何节省费用去欧洲旅游。他通过当地的一所大学打出广告，在他的钢琴排练房的演奏厅里开了这次讲座。此次讲座之后，小东的导游业便诞生了。他仍旧用教钢琴的收入支付旅游讲座费和旅费。第一笔生意下来，他仅仅做到了收支相抵。渐渐地，他的课越来越多，越来越受欢迎。后来，他搬入了一家写字楼，雇了十多名员工，成立了一家旅游公司。

当你简化了个人生活，腾出时间和精力去注意个人爱好时，你会自然而然地找到自己极喜爱的工作。当人们真正投身于个人爱好时，他们往往会创造出保持其活力的各种办法。把你的业余爱好与某种更重大的事务联系起来，这一点很重要。当你从事你的爱好时，你并不知道它会把你引向何方，我要告诉你的是：先做自己爱做的事情，然后再想办法从中赚钱。

 **现场案例**

他为什么总离职

丁零零……电话是小王打来的。

"韩老师，我不想在那家公司做了，我打算离职。大学毕业后，一年半的时间里，算上这次我已经三次离职了。为什么总是找不到心仪的职业，为什么职场的人际关系那么复杂？为什么我总是抱着美好的愿望，别人却不理解我？是我错了还是社会错了？"

电话那头略带哀愁的声音缓缓地诉说着，我仔细地听着，询问他离职的原因。

"第一次离职是公司的人际关系紧张造成的，与我同时进公司的一位同学能说会道，没几个月就被提拔成我的上级，在一次活动策划中，我的同学不但使用了我的方案，还在老板面前告我的状，说我不配合他的工作。老师您说，这样的环境我还能做吗？干脆辞职算了。

第二次离职原因很简单，我觉得那家公司没有发展前途，我给老板提了几条建议，老板一条都没有采纳。我觉得我好失败。这次离职，我觉得这家公司不适合我的发展，干的活多，又占用了我很多业余时间，很焦虑。可是，这次离职之后我要去哪里工作，我也不知道……不知道。"

小王的问题到底在哪里？

⊙ 心灵解密

第一，小王没有一个清晰的职业方向，没有制订一个具体的职业目标。小王的第一次职业选择是文案工作，经过一段经验的积累，文案工作可以向人力资源部门发展，可小王以人际关系紧张为由，离开了这一领域；小王的第二份工作是仓储管理，其实把仓储管理工作深入做下去，可以提高综合管理能力，这方面的发展空间很大，但小王放弃了；小王第三次要离职的是一家餐饮企业。职业定位不清，职业选择没有针对性，小王充满了疑虑。

第二，没有对自我需要进行评估。如选择何种行业，做哪种工作、工作地点、职业升迁时间，自己的能力、兴趣与职业有何匹配。假如小王选择了文案工作，自己的兴趣与能力都与工作贴近，工作中出现的人际关系问题就是一个次要问题，也不会因此导致辞职，很可惜小王没有这方面的评估。

第三，小王存在着认知偏差。在这个案例中，小王说："我抱着美好的愿望，别人却不理解我。"这句话的潜台词是：我有美好的愿望，别人就必须按我的要求回报我，否则我就愤怒或抑郁。其实站在对方的角度看问题，情况就好解决得多。

第四，负性的自我标签。小王的心理意象中，有一种负性标签，即"我是个失败者"。第二次离职的原因是老板没有重视小王的建议，这被小王解读为"自己是个失败者"。一旦自我定位为失败者，就会把这种自我预言搬进现实生活，于是就把注意力投注到有关失败的事件中去，以此来证明自己的预言是正确的。

⊙ 解压药方

1. 为自己订一个可分解的具体的职业目标，这是一盏引航明灯；

2. 重新评估自己的需求和能力，使心理的预期与现实相吻合，体会一种成功的感觉；

3. 调整认知，不合理的认知是心理困扰的主要障碍，是事业成功的大敌；

4. 加强自信心的训练，多关注自身积极的一面，对所谓失败的经历进行去注意化处理；

5. 提高解决问题的能力，学会有效沟通、真诚待人、理解他人，带着共赢的心态进行职业活动。

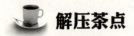 **解压茶点**

心灵想象放松法练习

接受我的心灵，

我将变得心胸开阔、宽容，不对别人妄加指责。

改变我的心灵，

我的生活有时就像一列过山车，总有起起落落。

我要勇敢面对生活中无法预料的大起大落，我也要做好准备迎接下一段的人生旅程。

我知道所有这些起起落落、酸甜苦辣都是人生的一部分。

鼓舞我的心灵,

今天我要允许自己去做我喜欢的事。

我要看一些能鼓舞我的书、杂志和电影。

我要通过帮助别人,勇于奉献,表现真我,使自己的生命更有意义。

感谢我的心灵。

今天我拥有积极向上的态度。

我对自己拥有的一切,心怀感激。

我不再拿自己和别人做比较。

我要以我的微笑、我的快乐、我对别人的鼓励走向未来。

 **现场案例**

人,为什么变得这么快

老李退居二线后认为员工对他的态度发生了改变,于是产生了焦虑情绪。经过咨询,老李明白问题所在,即主观认为和客观事实存在很大差距,重新制订职业生涯规划,真正了解自我需求,建立内心的积极乐观体验,最终走出心理困境。

老李今年57岁,因为年龄的关系退居二线。"现在清闲了,可心里总觉得不是滋味。"老李搓着手在我面前走来走去地说,"我原是部门的正职，是个权力很大的部门，管的人也多，在职的时候员工挺顺从我，其中有个人特别能让我满意，无论是说话、办事，总是很到位，真是想我之所想，是我肚子里的蛔虫。于是我把他提拔上来，没想到呀，我前脚退了二线，他的脸一下子就变了，见面不打招呼，还爱答不理的。我现在才明白，原来的样子全是装的。"

看得出来，老李越说越生气，又从椅子上站了起来在房间中搓着手溜来溜去。

我问老李："你认为退居二线后别人应该怎样对你？""起码也该客气，尊敬我吧。"

"还有吗？"

"还有就是别让我伤心难受呀。"

"你做部门正职时，别人是怎样对你的？"

"我说什么别人也没有什么反对意见，员工对我挺尊敬。"

"你最舒服的感觉是谁给你的？""除了上级表扬外，就是我提拔的那个人。工作累的时候他能帮我，出现问题时他主动帮我摆平。"

"这是很好的人际关系支持呀！"我插话说。

"唉！这种人际关系变得太快了，现在我办什么事都不像以前那么顺畅了，员工看见我也没有那份热情了。"

"想一想，你能给自己多少快乐？"

"这个嘛，我还没想过。"

"其实人生最大的快乐是明白一个人的能力是有限的，并能带着这样的想法和环境良好地互动，并产生愉快的情绪。"我一边说

216

一边把一杯水递到老李的面前，请他做几次深呼吸，减轻他的焦虑情绪。

⊙ 心灵解密

老李常年做中层领导，形成了一套固定的行为和人际交往的方式，以及与之相配套的认知模式，老李的关注点在自己所扮演的角色上，自身的其他资源被老李忽视了。

另外，强迫自己去比较"在位"与"二线"的区别，这样就强化了老李的焦虑情绪。一个更重要的焦虑原因是，老李希望别人把自己看成什么人和自己对自己的实际看法，产生很大的差距，导致内心的不平衡。

一个人过分追求地位、利益等，把这种需求纳入自我需求之中，就削减了感受真实自我的能力，使自己看不清自己，过分依靠外部力量的支撑，快乐也不是真实的。

另外，老李的思维特征中，有选择一种细节，然后紧盯在这个细节上的倾向，如别人对自己是否热情，热情就高兴，否则就烦恼。老李对别人所谓"冷淡的态度"做出使自己不愉快的解释后，情绪就焦虑起来。其实这是一种认知歪曲，是老李过分敏感的反应。

⊙ 解压之药

使自己安静下来，清理一下自己的内心，想想自己到底需要什么。

挖掘出自己的爱好，把关注点转移到爱好上，比如老李喜欢制作小电器，其产品可用于单位办公室，也可用于家庭，在制作过程中体验自身的价值和快乐；

承认角色是可以被替换的、是临时的，一旦改换了角色就要灵活改变其内容，这一点对老李非常重要；

重新规划职业生涯。职业生涯规划是一生的事情，每个阶段有每个阶段的内容。对老李来说，更重要的是规划内职业生涯，内职业生涯不是别人给予的，而是自我给予的，是别人夺不走、丢不掉的，如文化知识、兴趣爱好、能力水平和乐观的内心体验等，这是个体快乐充实的源泉。

如果一个人死盯在外职业生涯上，诸如职位、名望等，就限制了自我内心的发展。外职业生涯自我控制很弱，也容易丢掉。老李应该把关注点转移到内职业生涯上来，这也是缓解老李内心焦虑的重要方法。

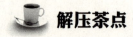 **解压茶点**

嗅觉解压

通过对嗅觉的刺激，一样能起到减小压力的作用。例如，印度油滴对解除压力、鼻子敏感和长期失眠就很有帮助。

如果压力过大，我们就容易失眠，这时候不妨利用印度油滴来缓解压力。

它是用烫得温温的香精油，盛在尖嘴壶里，悬在平躺在床的人的额头上端。

壶里的香精油慢慢地滴在额头，让人感觉头皮暖暖油油的，原本沉重的头部就会奇妙地变得轻松多了，慢慢会进入睡眠状态。

这种传统疗法的原理是，人的额头有一个"盛装"压力的穴位，通过温油，可以让紧绷的头皮放松，累积的毒素和污垢排出，压力自然随着释放了出来。

工作了一天，如果感觉很累，回到家里，可以在洗澡水里加入薰衣草、玫瑰、香水树、天竺葵等具有镇静身心作用的芳香精油，有助于舒缓压力，这也叫香精水疗法。就是利用水的温度，水流的压力、浮力和气泡群相互撞击所产生的天然超音波能量，在水中按摩肌肉，使血管扩张，促进血液循环，消除疲劳。

 **现场案例**

管理从"心"开始

最先进的企业管理是"心"的管理，理解人、尊重人，使员工提高自尊水平和归属感。员工的自我效能和内部动机都有了相应的提高后，企业的非财务收入会有大幅度上升，这已被国内外研究确认为事实。

目前的现实是国内一些企业采用的管理方法仍停留在行为管理

阶段中而没有突破。比如考勤管理、摄像头管理，甚至员工与上级进行沟通时，上级采用的是语言暴力，如"愿意干吗？不愿意干，走人！"这些管理形式和内容不能说完全错误，但是有明显缺陷。

老吴这段时间很烦，工作的事能对付就对付，回家天天喝闷酒，长吁短叹，妻子、孩子为老吴提心吊胆，动员老吴前来咨询。

老吴是一家企业的人力资源部副部长，主管员工培训，老吴也很喜欢这项工作，因为工作出众，经常受到上级表扬。一年前，企业中层正职轮岗，后勤处长任人力资源部部长，老吴的工作态度慢慢发生了变化。

老吴讲："这位新领导外行不说，还自以为是乱指挥，把我的热情全部消除了。"我静静坐在老吴对面，听着老吴心理历程的变化。

"我在这家公司工作20来年，前10年还算平静，那时我在车间与工人兄弟打成一片，工作挺愉快，然后我被调入人事处，就觉得说话行事要处处小心。人事处改为人力资源部后，我专门负责员工培训，做得很开心，我也很喜欢这项工作。"

"一年前的中层正职轮岗，新部长上任后，我倍觉压抑，比如按计划要给新上岗员工进行培训，部长先是给压下来，再找他，他也不耐烦，说是要与领导商量。我编制的培训内容，都是针对企业的实际情况，这位部长看后，基本上是否定的态度，说什么'这没有用，那没有用'。前几个月，兄弟单位请来一位著名培训师讲课，邀请我去听一听，我跟部长打了招呼，他同意了，可转天我上班，他又说'以后外出要跟副总请假，千万注意不要利用工作时

220

间外出讲课为自己捞外快'。这不冤枉死我了，我是一心一意为企业，我听课也是考察，也想请那位著名培训师为我们公司讲课，没想到他这样看我，我的工作热情被他这么一点一点地消磨下去了。唉！"

我听完老吴的诉说，一个清晰的轮廓出现在我的眼前，即一个人的积极内部动机如何被慢慢消除的。

⊙ 心灵解密

首先，从企业来讲，现代企业管理制度首先要管"人心"，企业文化凝聚力的体现也是让员工有成功的感受。

企业营造良好的心理环境，能让员工有归属感，积极的内部动机增强，为企业的利益和自我实现无怨无悔地努力奋斗，这是企业管理追求的最高境界。

遗憾的是，本案例的"部长"用生硬的语言把老吴的内部动机变为外部动机，即"我（老吴）原先所做的工作都是我感兴趣的，工作有了成绩就是我的价值体现，变为现在你（部长）让我做什么我就做什么，我一点也不多做，也不提建议，这样落个轻闲，工资奖金也不少"。"部长"对老吴的工作价值视而不见，还经常挑毛病、指责，是老吴动机转化的中介物。

有一个耳熟能详的故事：清晨，几个小孩在一个老者的房前玩耍，影响了老者的休息，于是老者在门前贴出清晨六时准时玩耍者奖励一美元，并且过几天逐渐减少奖金金额。最后这几个小孩说："就给这么点小钱，还让我们准时来，这不划算，我们不干了。"

这是典型的动机转化，即"我们为谁而玩"的问题。企业需要员工奉献才智，员工需要企业为个人的成长提供条件。企业一旦树立了"员工即是客户"的观念，才能真正实行人文管理，企业文化才能落地。

其次，从老吴个人来讲，有追求完美主义的倾向，他把完美与自尊、价值联系在一起，一旦上级提出意见，他便觉得自己的价值直线下降。这种现象的背后隐藏着一个恐惧：不能实现自己的目标就是失败。老吴的工作目标受阻，立马表现出焦虑，老吴的长吁短叹正是焦虑的表现。另外，老吴以往工作的成就都是对内心自卑的补偿，老吴自己说："我这人没什么能耐，工作有点成就，就是我最大的快乐。"现在获得快乐的途径被阻隔了，老吴的自卑心理更为突出，他觉得自己好像一无是处了。

⊙ 解压之药

1. 从企业方面来说，企业首先要为员工作一次成就动机测评，经过谈话后区别对待得分高与低的员工；企业要建立一套员工心理援助计划的制度，为员工解除心理上的困惑，能给企业带来更大的效益。

2. 老吴个人要做好情绪管理，面对压力源重新评估自己的价值观。快乐不仅是工作的成果，还是工作的过程，以及良好的人际关系及沟通能力；重新审视自己的思维，工作不是为某个人的，而是为集体和自己的，思维模式的转变就会强化内部动机；尝试转移注意对象，注意对象不再是部长的指责语言，而是工作的因果关系的研究，老吴的焦虑程度就会下降；每天记录情绪强度，从0分到10分，然后再分析引起情绪的外部事件，从积极的角度看问题，也会降低情绪强度；学会以问题为中心面对事件，找出三种以上解决的方法，是个人在事件中的成长。

 解压茶点

自我催眠

自我催眠的方法有很多种，这里介绍一种效果很好、应用较广的方法——自律训练法。在进行自律训练时，可以躺在床上，闭目，全身肌肉放松，心情安定，注意力高度集中，排除一切杂念。然后按一定顺序进行：

1. 手脚发沉。仰卧或坐在椅子上，放松身心。在20～30秒钟内反复暗示道："右臂变重，右手变重，很重！"注意是默念而不是出声。起初不会一下子感到手发沉，发沉的感觉是慢慢产生的。接着暗示自己"右脚重，右脚变重，很重"。分别集中注意力20～30秒钟，坚持练一至两个星期，在任何地方做这个练习都能马上见效。独自一人练习时，一直练到完全学会为止，然后进入下一项内容。

做该练习有两个顺序。一是从右臂——右脚——左臂——左脚，从右半身向左半身发展反应。二是开始练习时从自己最灵活的那只手开始。醒来前，深呼吸两次，然后舒展手足，睁开眼睛。

2. 手脚变暖。待感到手脚变重后，进入这个练习。在暗示自己"右臂暖和，右臂很暖和"的同时，集中注意力20～30秒钟。接着再暗示"右脚暖和，右脚很暖和"，"左臂暖和，左臂很暖和"，"左脚暖和，左脚很暖和"，一部分一部分地集中注意力。

3. 调整呼吸。如果掌握了以上两种方法，就可以进入调整呼吸练习了。因为已能轻易地使手足变重发暖，所以注意力的部分其中如以下所示，可简化地进行，并开始练习呼吸调整。"双臂沉重，很重"，重复暗示数次。"双脚沉重，很重"，重复暗示数次。"双脚暖和，很暖和"，重复暗示数次，并且调整呼吸，暗示"呼吸很畅快，呼吸得很慢，很轻"。如此进行20～30秒钟，一至两周后就有很好的反应。呼吸会变慢，变深，并且会变得精力充沛，神采奕奕。

4. 调整心脏。掌握以上三项后，进入本项练习。心里对自己说："心脏变得静而强健，心脏跳动有节奏，有规律。"聚精会神20～30秒钟，集中注意力，调整心脏比调整呼吸难，所以在做自律法前，用右手放在胸口检查心跳情况，这样才比较容易判断调整心脏的反应。此练习持续一至两周后也会有不错的效果。

5. 温暖腹部。掌握了以上四项后，再做此练习，心里说："胃部四周热乎乎的，腹部很暖和。"同时，集中注意力在丹田上，时间为20～30秒钟。

6. 额头发冷。掌握了以上几种方法后，继续做以下练习。

暗示自己"额头冷，很冷"，持续20～30秒钟。该练习是自律训练法中最难的，即使是前面五项练习成功的人，也只有五分之一的人有反应，因此，为取得成效，有必要追加暗示，"冷风吹着额头"，或者"门缝里钻过来的风吹着额头很冷，很冷"。这个练习也进行一至三周，在以上五种练习的基础上连续进行。

7. 觉醒。自我催眠当然也要自我觉醒，方法是心中默数三位数，暗示自己"心情舒畅地醒来"。在催眠中，觉醒虽是简单技术，但掌握不好，醒来后会有头痛、胸闷等症状。因此，即便在几乎没有进入睡眠状态的情况下，也要履行觉醒"手续"。

此方法在工作单位（可躺靠在座位上进行）或家里都可进行。初期练习者时间不宜过长，开始时可缩短每次练习的时间，可把一次练习分为几段，每段只做几分钟，每天多次练习，逐渐变为每天有规律地做两三次，每次5~20分钟。

当然，如果感觉自己做指导会影响自己的注意力，可以在网上找到合适的催眠音乐，一边听着舒缓优美的音乐，一边听着催眠师的指导语，也是个很好的办法。只要戴上耳机，在家里和单位同样也都可以做。

 现场案例

兴趣和待遇，我要哪一个

"韩老师呀，我心里十分难受，真的特难受。""是什么问题使你如此痛苦？""我不愿意在现在的岗位上干了。"小孙低着头，双手的手指紧扣着头顶，时不时地叹着气，焦虑不安。

"别着急，我愿意听听你现在的内心感受。请你抬起头，看看我，然后闭上眼睛深呼吸，慢慢放松全身各部位。"待小孙平静下来后，说出了事情的原委。

小孙，男，36岁，本科毕业，历史学专业，由于不喜欢这个专业，由中学教师跳槽到国企，做办公室副主任。因待遇差，又无法处理人际关系又跳槽至合资企业做文秘，现在一家银行做培训工作。

"韩老师呀，我现在真后悔当初的决定，您说，一个好好的教师不干，偏去做什么办公室工作。当时我妈妈天天跟我吵，不让我转行，可我偏偏要转行，当时幻想呀，转了行一定有发展。真的到了企业一看，人际关系那么复杂，待遇又那么低，真让人心凉。有一次，我开玩笑说了一位同事的笑话，后被其他同事把这个笑话越传越神，走样了，惹得那位同事跟我吵，工作中处处为难我，从那时起，我在单位里很少说话，压抑得很。

于是我又转行了，做了外企的文秘，这个职位太无聊了，天天招待四方宾客，这哪里是我干的工作。没办法，再转行吧。就是现在的单位，本来我挺喜欢这个工作，我的文案很强，讲课也很在行，可老总挑三挑四，对我不满意，我一次一次地做了培训方案，被老总一次次地推翻。我好委屈，内心十分难受，您刚才问我针对什么难受，就是后悔十多年前的那次跳槽，因为那次错误的跳槽，使我在茫然中越陷越深。老师，您给我出出主意，我该怎么办？"

小孙讲述着他的职场经历，我仔细地体会着他的内心变化，思考着困扰小孙的原因是什么。

　　我与小孙建立了良好的咨询关系后，小孙认真讲述了他的成长经历，于是我对小孙的理解进一步加深。小孙跟奶奶长大，奶奶性格敏感猜疑，如搬一次家，就觉得不如老家好，回到老家后又觉得很多地方赶不上新家。看着邻居悄悄说话，认为是说自己，回家就生气。

　　小孙七岁回到爸爸妈妈身边。妈妈强势，爸爸较弱，妈妈经常对小孙提出要求，刚开始小孙信誓旦旦，可一旦到实际操作层面，小孙就败下阵来。如当年花钱上英语补习班，小孙完全答应了妈妈的要求，一定考个好成绩，可一遇上不懂的问题，就放弃了考试，放弃考试后又后悔，于是英语成绩越来越糟，小孙对自己的评价也越来越差。

⊙ 心灵解密

　　小孙当前的苦恼与他敏感、依赖的性格有关外，另一个主要的问题是小孙从没有经过目标训练，没有职业生涯规划和职业发展方向。小孙上大学时，只知道不喜欢历史专业，但他喜欢什么自己并不清楚。经过四年大学学习，顺利毕业，证明历史学已被小孙初步掌握。

　　如果当初小孙能体验到教学的快乐，培养出职业兴趣，同时也能带动对专业探索，肯定会有一个良好的职业发展。但小孙很快地放弃了教学工作转行了。这次转行的决定只是从不喜欢历史专业角度出发，而没有从教学这个职业角度出发考虑问题。

　　第二次转行决定是从个人中心来考虑的，"既然你们不适应我，我也没什么价值了"。

第三次的职场困惑显然还是人际关系问题，没有处理好与上级的关系，小孙归因为他人问题，所以打算放弃职业。很长时间内，小孙没有设计出符合自己发展的职业方向和职业定位。如果有了准确的职业定位，首先会围绕职业发展来考虑和解决问题。仔细评估自己的能力与职业发展还有多大的差距，把关注力放在解决这种差距上，注意的中心就会发生变化。

小孙因为没有职业生涯规划，在职场中只是跟着感觉走，浪费了本人已具备的资源。人际关系一出现问题，对自己的评价就下降，立马不自信起来，幻想着换一个单位心情就会好起来，这是很难实现的个人期待。

⊙ 解压之药

制订一个适合自己的职业发展规划，在这个规划中搞清楚自己的兴趣、爱好和能力。如现在从事银行培训工作，其内涵要求是什么；自己哪些方面具备要求，如有教学经验，自己所学专业知识与培训有交叉渗透的内容；自己哪些方面有欠缺，如人际关系敏感、主动沟通差等。

下一步是主动纠正问题，发展自己的优势部分，计划在什么时间内达到什么程度。另外要学会自我管理，设计一张表格，有时间、地点、内容、完成程度、取得成绩和不足、改进的时间进度等栏目。每日填写，天长日久，形成订计划及完成目标要求的好习惯，行为管理能力也会提高。学会喜欢自己和相信他人的方法，把踏踏实实过好每一天作为基本要求。

 **解压茶点**

心理意向勾画美好未来

心理意象实际上是将潜意识图像化的一个过程。

当一个人想完成一件事，必须首先在内心认识这个事物，然后才能着手去完成它。当在内心里"看到"一个事物时，内在"创造性机制"就会自动把任务承担起来，其完成这项工作的成效要远远胜过你有意识地努力或者"意志力"，也可以称此为"超意志力"。

因此，在做一件事情时，不要过分地用有意识的努力或者钢铁般的意志力去施加影响，也不要过分担心，总是疑心自己所做的一切的正确性。应当放松神经，不要用紧张的力量来"干这件事"，而要在心里想着你真正要达到的目标，然后"让"你的创造性成功机制来承担任务。心里想着你要达到的目标，最终将迫使你运用"积极思维"。这样，你就能心想事成。但是你并不能因为心里想着"干这件事"而分心或停止工作，你的努力要用来驱使你向目标前进，而不是使你纠缠在无谓的心理冲突之中。

每天腾出30分钟，独自一人，尽可能排除任何干扰，尽量放松，使自己感到舒适，然后闭上眼睛，锻炼想象。经过试验发现，如果想象自己正坐在一幅宽银幕前面观赏自己演出的电影，就会得到很好的效果。但要使这些画面尽量生动和详细，让你的心理画面尽可能接近实际的经验。要达到这一点，就要注意想象对象的微小和细节，注意你想象的环境中的景象、声音和物体。

在这30分钟之内，你要看到自己的行动和反映是适当的、成功的和理想的。昨天如何和明天会怎么样这都无关紧要，你的神经系统到时候自然会负起责任——如果坚持练习下去的话。想象你在按照你希望的那样行动、感受和"存在"。如果你比较羞怯，害怕在大庭广众之下表现自己，那么你可以想象自己出席了一个盛大的活动，并在大众面前发表了演讲，你表现得很从容，你因此而感到很惬意。

通过这种练习，在你的头脑和神经中枢系统建立起新的"记忆"或者存贮数据，并建立起一个新的自我意象。在练习进行一段时间后，你会惊奇地发现，你的行为已经有了巨大的飞跃，已经带有一些自动和自发性，你会毫不费力地改变自己以前的行为。

后　记

　　本书选用了部分向我咨询过的真实的案例。案例都经过技术处理，隐去真实姓名，事件有所改动。案例中的来访者，接受咨询后，情绪有了改善，他们由原先的敏感、疑虑逐渐成长为内心强大的人。

　　内心强大的人，不在乎有多少人误解了他，也不在乎有多少世俗的偏见，因为他的内心就是一个完美的世界。

　　我们生活在这个丰富多彩、节奏快速的世界里，工作中的人际关系纷繁复杂，难免给人带来压力。有的人的压力与环境有关，有的人的压力与人的关系有关，有的人的压力与他的性格与心理有关，有的人的压力是因为他有一些情结没有解决，例如家庭的影响，与父母之间有一种冲突没有得到解决，还有的情况就是曾经受到过伤害，有一些未了的情结没有处理掉。带着这些没有解决好的情结走进职场，一旦遇到类似先前的负性事件，当事人就会产生联想，甚至用情绪化来处理问题，导致人际关系的紧张。职场中认识自我很重要，包括自己的性格、能力、价值观等，当压力超过自己的承受力时，就可清楚知道如何减压。

　　心理学研究表明，压力过度会使人心理紧张，精神迟钝，效率降低，出现低级失误，心脏机能受损等。你可能有这样的体会，当承受的压力超过一定限度时，你越想做好某件事，就越做不好，进而失去自信和热情，甚至觉得浑身不舒服。

请记住，当有上述身心症状时，请立即减压。

我十分感谢李嫱老师，她是一位不知疲倦的读书人。书是她的生命，更是她生命中的精彩，在她的鼓励下，才有这部作品的问世。

感谢我的合作者李丽，她为本书的框架和整体语言的通俗易懂付出了巨大的努力，没有她的帮助，本书也不会呈现出异样的多彩。

我十分感谢工商联出版社的胡小英和李健两位编辑，在她们的鼓励、帮助和辛勤劳动下，拙作才得以更完善。

本书在写作过程中，还参考了很多搜索网站中的相关资料，由于是多年的积累，有些出处和作者查找不到联系方式，在此表示深深的谢意和歉意。如有原作者见到本书，可通过邮箱联系我，我的邮箱是：yizhonghan@aly.com

最后我要感谢我的来访者，我们建立了相互信任的关系，在工作中我们共同探讨问题，相互成长，找到通向工作的幸福之路。